Felix Plötz

Traumberuf: Keynote Speaker

Felix Plötz

Traumberuf: Keynote Speaker

Wie Sie als Redner durchstarten – Geschäftsmodell, Kundenakquise und Vorbereitung

REDLINE | VERLAG

Bibliografische Information der Deutschen Nationalbibliothek:
Die Deutsche Nationalbibliothek verzeichnet diese Publikation in der Deutschen Nationalbibliografie; detaillierte bibliografische Daten sind im Internet über **http://d-nb.de** abrufbar.

Für Fragen und Anregungen:
info@redline-verlag.de

1. Auflage 2019

Nymphenburger Straße 86
D-80636 München
Tel.: 089 651285-0
Fax: 089 652096

Lektorat: Christiane Otto, München
Umschlaggestaltung: Manuela Amode, München
Satz: Zerosoft
Druck: GGP Media GmbH, Pößneck
Printed in Germany

ISBN Print 978-3-86881-716-4
ISBN E-Book (PDF) 978-3-96267-044-3
ISBN E-Book (EPUB, Mobi) 978-3-96267-045-0

Weitere Informationen zum Verlag finden Sie unter

www.redline-verlag.de

Beachten Sie auch unsere weiteren Verlage unter www.m-vg.de

Inhalt

1. Einleitung 9

Auch Sie können Keynote Speaker werden 10

Mein eigener Weg zum Profi-Speaker 11

Eine Frage der Einstellung 16

2. Beruf Speaker 18

Was ist ein Keynote Speaker? 18

Seit wann gibt es Profi-Speaker? 21

10 000 Euro pro Auftritt? 22

Der Markt für Keynote Speaker 29

Warum es sich lohnt, Keynote Speaker zu werden 32

Direktes Feedback motiviert 35

Ein abwechslungsreiches, selbstbestimmtes Leben 36

Ist es auch Ihr Leben? 39

3. Ihre Positionierung 42

Ihr Expertenwissen: Ihr besonderes Know-how 42

Ihre Story: Was macht Sie als Keynote Speaker aus? 47

Ihre Haltung: Warum es gut ist, Kante zu zeigen 54

Ihre Inszenierung: Was sind Sie für ein Typ? 56

Sie können nicht alle glücklich machen 60

4. Was einen guten Vortrag ausmacht 62

Ihre Vortragsthemen 62

Der perfekte Vortragstitel 65

Wie Sie einen neuen Vortrag entwickeln 69

Mit dem Einstieg das Publikum gewinnen 73

Mit klaren Botschaften das Publikum fesseln 75
Einen eindeutigen Standpunkt vertreten 76
Mit Geschichten und bildhaften Beispielen überzeugen 76
Einen emotionalen Schlusspunkt setzen 78
Üben und trainieren, bis Sie Ihren Vortrag im Schlaf können.. 79
Ihre Bühnen-Performance 84
Der Einsatz Ihrer Stimme 88
Mit dem Publikum kommunizieren 89
So nutzen Sie Multimedia und Beamer sinnvoll 92
Mit der Präsentationssoftware umgehen 96

5. Die Website – das Zentrum Ihres Geschäftsmodells 101

Der Funnel: Wie aus potenziellen Kunden echte Kunden werden 101
Ihre Website: Verkaufsinstrument Nummer eins 104
Planung und Elemente 105
Die Essentials 107
Optionale Elemente 114
Die Gestaltung der Website 118
Wie Sie zu Ihrer Website kommen 120
Der Domain-Name Ihrer Website 125
Wie Sie an gute Fotos und Videos kommen 127
Wie Sie Ihre Website analysieren 130

6. Marketing – So gewinnen Sie Kunden 134

Suchmaschinenmarketing 135
YouTube 139
Soziale Netzwerke 142
Podcasts, Blogs und Medienpräsenz 148
Newsletter 150
Redneragenturen 152
Ein eigenes Buch: Ihre Eintrittskarte für Medien und Veranstaltungen 157

7. Service – Von der Anfrage zum Auftrag 180

Anfrage und Angebot 180
Ihr Speaker-Profil 184
Wie Sie Ihr PDF-Profil selbst erstellen 188
Preispolitik 189
Geschafft: Vertragsabschluss und Ausblick 191

8. Countdown – Von der Buchung bis zur Nachbereitung 194

Noch zwei Monate: der Briefing Call 194
Die Woche vor dem Auftritt 198
Die Anreise 199
Bühne, Technik- und Soundcheck 200
Redeangst und Lampenfieber 201
Die Stunde vor dem Auftritt: runterfahren und pushen 206
Nach der Rede 208
Warum Sie von jedem Ihrer Auftritte lernen können 211

9. Schlusswort 214

Anhang: Redneragenturen 216

Über den Autor 218

Anmerkungen 219

Register 221

1. Einleitung

Mein Name ist Felix Plötz. Mein Beruf ist Keynote Speaker. Ich lebe davon, auf der Bühne zu stehen und Vorträge zu halten. Für mich ist Keynote Speaker ein Traumberuf.

Da Sie dieses Buch in den Händen halten, gehe ich davon aus, dass auch Sie der Beruf des Keynote Speakers interessiert. Sind Sie jemand, der etwas zu sagen hat? Jemand, der eine Message verbreiten möchte, weil sie es wert ist, gehört zu werden? Vielleicht haben Sie einen beruflichen Hintergrund, der Sie für die Bühne interessant macht. In der Speaker-Szene tummeln sich viele Coaches, Berater oder Trainer, die auf der Bühne mehr Menschen erreichen möchten. Aber es gibt auch Redner, die in ihrem Job viel geleistet haben, zum Beispiel Ex-Sportler und Unternehmer, die einige ihrer Erfolgsgeheimnisse weitergeben und andere Menschen zu Spitzenleistungen motivieren wollen.

Zahlreiche ehemalige Politiker berichten von Ihren Erfahrungen und treten zu Spitzensätzen auf; für Fernsehmoderatoren und Showmaster ist der Auftritt vor Publikum auch im »normalen« Beruf Alltag. Außerdem gibt es Speaker, die etwas Außergewöhnliches erlebt haben und einem Publikum Einblicke in eine interessante, für »normale Menschen« verborgene Welt bieten möchten. So sind zum Beispiel Raumfahrer, Piloten und Weltumsegler Keynote Speaker geworden, weil sie einzigartige Geschichten von ihren Abenteuern erzählen können.

Auch Sie können Keynote Speaker werden

Selbst wenn Sie bislang all das nicht sind – dann können Sie trotzdem ein sehr guter und erfolgreicher Redner werden. Auch wenn es auf den ersten Blick so scheint: die Welt der Keynote Speaker steht nicht nur Promis, Top-Stars und Business-Coaches offen, und erst recht ist sie keine geschlossene Gesellschaft. Sie müssen kein charismatischer Unternehmer sein, wie Steve Jobs es war. Sie müssen nicht unbedingt zehn Jahre als Coach oder Trainer unterwegs gewesen sein. Sie müssen kein öffentlich bekannter Mensch sein wie die vielen Politiker, Extremsportler, Abenteurer und Fernsehjournalisten, die sich in der Szene tummeln.

Es ist auch keine Voraussetzung für den Beruf des Speakers, ein extremes Leben geführt zu haben. Ich bin mir sicher, dass auch Sie etwas Besonders zu erzählen haben, das andere Menschen inspirieren kann. Und wenn Sie in der Lage sind, anderen Menschen etwas Neues zu vermitteln oder eine neue Perspektive auf etwas Bekanntes aufzuzeigen, dann haben Sie die besten Voraussetzungen, um die Vortragsbühnen zu erobern. Sie müssen das noch nicht sofort können, und Sie brauchen dafür auch kein »angeborenes« Redetalent. Alle nötigen Kompetenzen, um Keynote Speaker zu werden und durchzustarten, können Sie nach und nach erlernen und trainieren. Noch vor wenigen Jahren war der Beruf des Keynote Speakers völlig unbekannt. Und auch heute ist die Frage »Und davon kannst du leben?« keine Seltenheit. Doch der Markt für Keynote Speaker boomt und die Antwort auf die Frage lautet bei vielen Rednern: »Hervorragend«. Dass die Nachfrage nach tollen Rednern derartig gestiegen ist, hängt auch mit den Umbrüchen in unserer Arbeitswelt zusammen. Wir müssen uns heute in immer kürzerer Zeit immer mehr Wissen aneignen, uns auf Neues einstellen und mit Unsicherheiten leben. Denkanstöße, neue Perspektiven und Visionen sind heute vielleicht so wichtig wie nie zuvor. Und dafür sind Keynote Speaker da, sie können genau das liefern.

Es ist also eine gute Zeit, um Keynote Speaker zu werden und damit Geld zu verdienen. Falls Sie sich noch nicht sicher sind: Sie müssen nicht sofort planen, Ihren normalen Job zu kündigen und auf einen Schlag hauptberuflicher Vortragsredner zu werden. Sie können Ihre Karriere als Speaker zunächst einmal mit einem begrenzten Zeitaufwand neben Ihrem eigentlichen Vollzeitjob ausprobieren, also mit einem »4-Stunden-Startup« starten. Ich würde Ihnen sogar empfehlen, nicht gleich alles auf eine Karte zu setzen. Auch ich selbst habe so angefangen. Um erste Erfahrungen mit Auftritten zu sammeln, musste ich meinen Hauptjob nicht aufgeben, sondern konnte als Speaker Schritt für Schritt wachsen.

Mein eigener Weg zum Profi-Speaker

Ich habe mich vor einigen Jahren bewusst dafür entschieden, ein Keynote Speaker zu werden. Zumindest wollte ich es versuchen und habe all meine Energie investiert, um diese Idee zu verwirklichen.

Als ausgebildeter Wirtschaftsingenieur hatte ich damals einen Job als Area Sales Manager in einem großen Technologiekonzern. Wie so viele Menschen, die ganz normale Jobs in ganz normalen Unternehmen ausüben, habe ich im beruflichen Rahmen häufig zum Beispiel Präsentationen bei internen Meetings Vorträge gehalten, zum Beispiel bei internen Meetings oder für den typischen Sales Pitch vor drei bis fünf Kunden. Dann kamen größere Fachvorträge dazu. Weil ich im Team zu den Jüngsten gehörte, wurde mir irgendwann die Aufgabe übertragen, an der privaten Hochschule in der Nähe des Unternehmensstandorts die Studierenden darüber zu informieren, was unsere Firma tut – und warum wir ein attraktiver Arbeitgeber sein könnten. Ich habe mir überlegt, wie ich eine Gruppe von fünfzig 22-Jährigen für die Firma begeistern könnte. Also habe ich versucht, nicht nur Fakten zu präsentieren, sondern stattdessen Geschichten zu erzählen und Elemente einzubauen, die die Studierenden kennen und bei denen sie hellhörig werden und dranbleiben. Und weil die Firma Leistungstransformatoren herstellte, habe ich die »Transformers« aus dem Film in die Präsentation eingebaut.

Ich kann mich noch genau an diesen ersten Vortrag erinnern. Eigentlich hatte ich ja Routine darin, Vorträge zu halten. Aber als 50 Studenten mit großen Augen und noch größeren Erwartungen vor mir saßen, habe ich gemerkt, wie plötzlich der Schweiß anfing, aus meinen Poren zu fließen. Ich muss zugeben, ich war in dem Moment wirklich nervös. Und ich meine, *wirklich* nervös! Vor einem »großen« Publikum zu sprechen, war etwas ganz anderes als alles, was ich bis dahin getan hatte. Doch trotz meiner anfänglichen Nervosität lief es nach ein paar Minuten ganz gut – und im Nachhinein konnte ich sagen: Das hat richtig Spaß gemacht.

Doch bevor ich mich wirklich dazu entschlossen habe, Profi-Redner zu werden, bin ich noch einige andere Wege gegangen. Manche waren Umwege, andere stellten sich ungeplanter Weise als Beschleunigungsspur für meine spätere Speaker-Karriere heraus. Einer davon war folgender: Ich habe angefangen, Bücher zu schreiben. Bei meinem ersten habe ich mich an einem Buch eines amerikanischen Autors orientiert, das ich gut fand. Es war ein richtiges Buch mit etwa 140 Seiten, aber der Text an sich war nicht sehr umfangreich, vielleicht 20 DIN-A4-Seiten. Der Rest bestand aus tollen Illustrationen und einem eher »luftigen« Layout, das jedoch zum Inhalt passte. Da habe ich gesehen: Man kann ein tolles Buch machen, ohne sich drei Jahre hinsetzen zu müssen und einen Roman zu schreiben. Es war einer dieser wichtigen »Wenn der das kann, kann ich das auch«-Momente. Ein paar Wochen später habe ich dann tatsächlich mein erstes Buch geschrieben und es in Eigenregie über eine Selfpublishing-Plattform herausgebracht: Das *Little Life-Changing Booklet: 10 Denkweisen, die dein Weltbild auf den Kopf stellen werden.*

Als ich auf der Website meines amerikanischen Vorbildautors ein bisschen herumschaute, habe ich gesehen, dass er nicht nur schreibt, sondern auch Vorträge hält. Ich fand den Typen wahnsinnig cool. Und da habe ich mir gedacht: Wenn der so alt ist wie ich und Vorträge halten kann, könnte das perspektivisch auch etwas für mich sein – wenn ich irgendwann ein richtiger Autor sein sollte. Zu dieser

Zeit habe ich auch damit begonnen, mir viele TED-Talks auf YouTube anzuschauen. Einige Vorträge haben mich wirklich beeindruckt. So bekam ich einen noch besseren Zugang zu dem, was gute Speaker ausmacht. Und weil ich gesehen hatte, dass »mein« Autor offensichtlich auch Vorträge halten kann, begann ich ernsthaft darüber nachzudenken, wie es wohl so ist, ein professioneller Keynote Speaker zu werden.

Der andere Weg führte mich im selben Jahr in die Selbstständigkeit. Als mein Angestelltendasein beim Konzern immer langweiliger wurde, habe ich ein 4-Stunden-Startup gegründet. Ich habe mich neben meinem eigentlichen Job selbstständig gemacht. Die Geschäftsidee war ein Spritspartraining für Autofahrer. Anfangs habe ich die Trainings noch selbst durchgeführt. Da habe ich wieder gemerkt: Es macht mir unglaublich viel Spaß, Leuten Wissen zu vermitteln. Und der Gedanke kam auf: Wenn das schon mit einem zugegebenermaßen äußerst trockenen Thema wie »Sprit sparen« mir selbst und auch den Seminarteilnehmern Freude bereitet, wie cool muss es erst sein, wenn ich einen Vortrag zu einem echten Knallerthema halte, auf das ich und das Publikum *richtig* Bock haben.

Mit der Geschäftsidee des Spritspar-Trainings habe ich mich auch bei einem Business-Plan-Wettbewerb beworben. Die Gewinner der Vorrunde wurden zu einem »Battle« eingeladen: Jeder Teilnehmer sollte in 120 Sekunden sein Unternehmen pitchen. Das war hart getaktet – nach 120 Sekunden wurde einem gnadenlos das Mikro stumm geschaltet. Im Publikum saßen etwa 100 Leute. Als ich auf die Bühne kam, war ich natürlich wahnsinnig nervös, habe aber meine 120 Sekunden perfekt auf die Sekunde runtergespult. Ich hatte den Minivortrag vorher auch Dutzende Male geübt. Ohne dieses Training hätte ich es nicht geschafft. Was mir von diesem Tag besonders in Erinnerung geblieben ist: Ich war so nervös gewesen, dass ich nach dem Vortrag von der Bühne direkt zu den Toilettenräumen gegangen bin. Während ich am Waschbecken stand, merkte ich, wie mir immer noch die Knie zitterten. Und ich meine das nicht im übertragenen Sinne. Meine Knie haben wirklich hin und her gewackelt. So extrem habe ich das vorher und hinterher nie mehr erlebt.

Der eigentliche Startpunkt für meine Speaker-Karriere kam aber erst, als ich mit meinem besten Freund Dennis das Buch *Palmen in Castrop-Rauxel: Vom Mut, Träume zu verwirklichen* veröffentlicht habe, finanziert durch 10 000 Euro, die wir durch Crowdfunding zusammenbekommen hatten. In dem Buch ging es um Gründer von Startups, die mit unkonventionellen Ideen in der Wirtschaftswelt Erfolg hatten. Dafür bekamen wir sehr viel Presse, es gab Rezensionen und Interviews, unter anderem im *Stern*, bei *Spiegel Online*, bei *RTL* und *Bild* und anderen Leitmedien. Im Herbst 2014 erreichte das Buch offiziell »Bestseller Nr. 1«-Status auf Amazon. Da ist mir aufgefallen: Jetzt bin ich ungefähr an dem Punkt angelangt, wo auch der coole amerikanische Autor stand, als er sein Buch veröffentlicht hatte. Und ich habe mich wieder an ihm orientiert und mir eine Website gebastelt, die mich als Speaker ausweist. Auf der Website stand dann: »Felix Plötz hält Vorträge zu den Themen ›Unternehmensgründung‹ und ›Generation Y‹« (zu der ich gehöre und die damals ein großes Thema war).

Vielleicht war das ein bisschen dreist. Aber an irgendeinem Punkt muss man ja anfangen. Mein Plan: Sollte ich gebucht werden, würde ich mir die Zeit dafür nehmen und mich hundertprozentig darauf vorbereiten, wie es sich gehört. Ich sagte mir: Ich gehe diesen Weg konsequent und schaue, wie weit er mich führt. Meine Erfahrungen mit Vorträgen in kleinerem Rahmen hatten in mir die Entscheidung reifen lassen: Ich möchte Keynote Speaker werden. Mit allem, was dazugehört.

Der erste Auftrag kam, als der *Stern* mein Vorwort abgedruckt hatte, und unser Buch danach richtig durchstartete. Ich erhielt eine E-Mail von einer Münchener Werbeagentur. Die plante für das Frühjahr 2015 einen großen Marketing-Kongress. Die Hauptveranstaltung sollte im elitären Grand Hotel Bayerischer Hof stattfinden, als Hauptredner war der Wikipedia-Gründer Jimmy Wales eingeladen. Die Marketingleiterin der Agentur hatte offenbar meine Geschichte im *Stern* gelesen und wollte mich für den Abschlussvortrag des Tagesprogrammes buchen. Ich sollte dem Publikum erläutern, wie die junge Generation tickt und wie wir unser Buch mit Crowdfunding finanziert hatten. Sie meinte: »Erzähl darüber mal etwas, du hast eine Stunde.« Dann habe ich gesagt: »Okay, das mache ich gerne, wie sieht denn euer Budget aus?«, »Na, so 2000 Euro«, und ich antwortete; »Gut, ich hätte gerne 3000«. Zugegeben, das war Zockerei, ich hätte die Rede natürlich auch für 2000 Euro gehalten, diese erste Chance hätte ich mir nie entgehen lassen. Doch in der Zwischenzeit hatte ich mich ein bisschen im Web umgeschaut und mir auf diesem Wege eine gewisse Marktkenntnis angeeignet. Einen Tag später hatte ich die Zusage. Mein Honorarwunsch war akzeptiert worden, und in einem halben Jahr sollte ich meinen ersten bezahlten Vortrag halten. Nun war ich also »Speaker«. Zumindest der Anfang war gemacht.

Natürlich war ich wieder unglaublich nervös. Schließlich ging es nun nicht mehr darum, 50 Studenten zu bespaßen oder für zwei Minuten zu sprechen, sondern eine ganze Stunde lang vor 180 Geschäftsführern und Marketingleitern großer Unternehmen zu performen. Diese Aufgabe habe ich sehr ernst genommen und den Vortrag über acht Wochen vorbereitet. Dann war es so weit. Die Anspannung vor meinem ersten Auftritt als Speaker war riesig. Ich musste eine halbe Stunde um den Häuserblock gehen – mitten im Münchener Winter, ohne Jacke – weil mir extrem heiß war und ich so geschwitzt habe. Aber dann war es wie beim Businessplan-Pitch: Weil ich mich vorher so lange und intensiv vorbereitet und den Vortrag ausgiebig geübt hatte, war auf der Bühne die Nervosität auf einmal weg. Niemand bemerkte, wie aufgeregt ich zuvor gewesen war. Nach diesem ersten Auftritt war das Feedback äußerst positiv. Es kamen Leute zu mir und haben sich bedankt, andere fragten mich, wie häufig ich schon Vorträge gehalten hätte. Sie konnten nicht glauben, dass ich noch ein »Anfänger« war – so ruhig und professionell sei meine Rede gewesen. Diesen Spagat zwischen »Ich fühle mich selbst unsicher und unwohl« und »Den Leuten gefällt es« fand ich gleichzeitig spannend und motivierend. Er hat dazu geführt, dass ich den Weg zum Redner weitergehen wollte – mehr als jemals zuvor. Und so habe ich damit begonnen, aktiv auf mich als Redner aufmerksam zu machen, mit Web-Marketing und durch aktive Ansprache von Veranstaltern. Die Möglichkeiten, die es dafür gibt, werde ich in diesem Buch noch ausführlich aufzeigen.

Eine Frage der Einstellung

Jede Geschichte ist anders, aber ich glaube, meine Story zeigt, dass man ohne besondere Voraussetzungen ein erfolgreicher Speaker werden kann. Natürlich hat mir der Erfolg des ersten richtigen Buches geholfen, aber es wäre nicht die einzige Möglichkeit gewesen, um auf mich aufmerksam zu machen. Es gibt nicht den einen Weg, es gibt viele Wege.

Eines ist klar: Wenn Sie sich dazu entschließen, ein Profi-Speaker zu werden – egal ob erst einmal nebenher oder in Vollzeit – dann müssen Sie Ihr Vorhaben professionell und mit aller nötigen Seriosität angehen. Sie müssen sich und Ihr Thema bekannt machen, das ist bereits eine große Aufgabe. Und einen Vortrag, für den Sie bezahlt werden wollen, können Sie auch nicht einfach mal aus dem Ärmel schütteln, die Bühne entern und ein bisschen improvisieren. Ein Speaker zu sein, bedeutet mehr als eine Rede zu halten. Viele Menschen investieren ihre kostbare Zeit, um Ihren Vortrag zu hören. Einige zahlen dafür viel Geld. Das ist eine große Verantwortung und eine Verpflichtung Ihrem Publikum gegenüber.

In den vergangenen Jahren habe ich viele Vorträge gehalten und dabei jede Menge Erfahrungen gesammelt. Und ich hatte eine Menge Spaß. Für mich ist es wirklich ein Traumberuf geworden. In dieser Zeit habe ich viele andere Redner erlebt und mich mit ihnen darüber ausgetauscht, was einen erfolgreichen Keynote Speaker ausmacht. Und ich habe die andere Seite der Branche, Veranstalter in Unternehmen und Agenturen kennengelernt. Besonders interessiert haben mich ihre Motive, ihre Wünsche, ihre Absichten. All diese Erfahrungen haben mich weitergebracht. Ich möchte sie mit Ihnen teilen.

Auf den folgenden Seiten möchte ich Ihnen zeigen, was für den Beruf Keynote Speaker wichtig ist. Das nun folgende Kapitel bietet Ihnen einen Überblick über die Branche, Ihre Verdienstmöglichkeiten und was es für Sie persönlich bedeutet, ein Profi-Speaker zu sein. Im dritten Kapitel geht es darum, wie Sie sich auf dem Markt positionieren, Ihren Stil finden und als Redner unverwechselbar werden. Kapitel 4 dreht sich um den Vortrag: wie Sie Ihr Thema finden, einen starken Vortrag entwickeln und wie Sie auf der Bühne überzeugen. In den darauf folgenden drei Kapiteln beschäftigen wir uns mit Ihrem Geschäftsmodell. Ich zeige Ihnen, warum die Website für jeden Keynote Speaker das Zentrum seiner Marketing-Aktivitäten ist, über welche Marketingkanäle Sie am besten Kunden gewinnen und wie Sie im persönlichen Kundenkontakt Aufträge an Land ziehen. Im achten Kapitel beschreibe ich, wie Sie sich konkret auf einen Auftritt vorbereiten, warum Sie keine Angst vor Redeangst haben müssen, und wie Sie es schaffen, als Redner immer besser zu werden.

Den größten Nutzen werden Sie aus diesem Buch ziehen, wenn Sie an demselben Punkt stehen wie ich vor ein paar Jahren, als ich damit anfing, mich für den Beruf Keynote Speaker zu interessieren. Aber auch wenn Sie schon fortgeschritten sind, hoffe ich, dass Sie noch etwas mitnehmen können.

Ich würde mich freuen, wenn es bald noch mehr neue Kollegen mit neuen, frischen Ideen, spannenden Themen und ungewöhnlichen Perspektiven auf der Welt gibt. Wenn ich Ihnen den Anstoß geben kann, es als Keynote Speaker zu versuchen, habe ich mein Ziel mit diesem Buch schon erreicht. Ich freue mich darauf, Sie bei einer Veranstaltung zu treffen und vor allem: Sie auf der Bühne kennenlernen zu dürfen und mich von Ihnen inspirieren zu lassen.

2. Beruf Speaker

In der Einleitung haben Sie erfahren, dass die Welt der Keynote Speaker nicht so elitär und verschlossen ist, wie es von außen betrachtet scheint. Der Markt für Redner ist in den vergangenen Jahren offener und vielfältiger geworden. Es stehen heute ganz neue Typen von Speakern auf der Bühne, beispielsweise Social Influencer, Podcaster, Blogger, Comedians, Startup-Gründer und andere Digitalpioniere. Sie finden ihren Platz neben der Riege der »Klassiker« unter den Keynote Speakern: prominente Ex-Sportler und -Politiker, Unternehmer, Coaches und Trainer. Noch nie war es leichter, in der Branche Fuß zu fassen als heute. Das ist gut für Sie.

Wenn Sie den Weg zum Profi-Speaker erfolgreich beschreiten wollen, sollten Sie zuvor das Terrain kennenlernen, auf dem Sie sich bewegen werden. Vielleicht sind Sie sich auch noch gar nicht hundertprozentig sicher, ob Sie diesen Weg mit allen Konsequenzen gehen möchten. So oder so ist es sinnvoll, sich zunächst einen Überblick über die Basics und die Gesetzmäßigkeiten des Rednermarktes zu verschaffen. In diesem Kapitel geht es darum, was den Beruf des Keynote Speakers ausmacht, was einen Profi-Redner auszeichnet und was die Voraussetzungen sind, damit Sie selbst ein erfolgreicher Speaker werden können.

Was ist ein Keynote Speaker?

Erst einmal sollten wir einige Begriffe für uns klären. In diesem Buch verwende ich die Bezeichnung »Keynote Speaker« synonym mit den Bezeichnungen »Speaker«, »Redner« oder »Vortragsredner«. Es geht dabei in allen Fällen um Profiredner und umfasst beide Geschlechter gleichermaßen. Professionelle Speaker können von ihren Vorträgen leben. Sie verdienen mehrere Tausend Euro pro Auftritt. Manche werden sogar reich damit.

Das heißt nicht, dass Profi-Speaker nicht noch andere Dinge machen als auf der Bühne zu stehen. Viele sind noch in ihrem eigentlichen Beruf als Angestellte oder als Unternehmer erfolgreich, einige bieten Dienstleistungen als Berater, Trainer oder Coach an. Der Beruf Keynote Speaker muss kein Vollzeitjob sein. Und genauso können Sie Ihr Speaking Business auch neben Ihrem eigentlichen Job als »4-Stunden-Startup« beginnen oder sogar dauerhaft als ein solches Side Business betreiben. Der erste Vorteil daran ist: Sie müssen als Einsteiger nicht alles auf eine neue und unsichere Karte setzen. Und was ebenfalls nicht zu unterschätzen ist, wenn Sie Ihre Vortragstätigkeit neben Ihrem eigentlichen Beruf aufbauen: Sie bleiben nahe an der Praxis und sind mit neuen Problemlösungen auf Ihrem Fachgebiet vertraut – Ihr Know-how bleibt also automatisch up to date. Ein Aspekt, der für viele Veranstalter und Agenturen, die Redner buchen oder vermitteln, ausgesprochen wichtig ist.

Trotzdem gibt es einen großen Unterschied zwischen Keynote Speakern und Menschen, die »auch mal« einen Vortrag halten. Wahrscheinlich hat jeder schon einmal vor anderen geredet: bei einem Referat in der Schule oder an der Uni, einer Präsentation vor Kollegen oder Kunden, einer Produktvorführung oder aus ähnlichen Anlässen. Wer vor Publikum spricht, weil das zu seinem Job gehört, ist aber noch lange kein Keynote Speaker. Ein Verkäufer, der ein Produkt präsentiert, ist kein Speaker. Ein Uni-Dozent hält eine Vorlesung und keine Keynote. Sie alle tun das im Rahmen ihres normalen Berufes und verfolgen ganz andere Ziele als ein professioneller Speaker.

Ein Keynote Speaker hat bei seinen Auftritten eine bestimmte Funktion. Er soll mit seinem Vortrag zu einem bestimmten Thema die Menschen im Publikum mitreißen und ihnen einen Anstoß geben. Das erreicht er nicht, indem er einen Sachverhalt mit zehn Stichpunkten pro

Folie en détail erklärt wie bei einem trockenen Fachvortrag oder einem Referat. Der Auftritt eines Keynote Speakers ist eher eine motivierende, inhaltlich gehaltvolle Show mit Wow-Effekt. Es geht darum, ein bestimmtes Thema hervorzuheben und beim Publikum einen Impuls auszulösen. Es kann der Impuls zum Hinterfragen von fest verankertem Denken sein, eine bewegende Zukunftsvision, das Erklären von großen Zusammenhängen oder der nötige emotionale Anstoß, damit die Zuhörer vom Wollen ins Handeln kommen. Der Keynote Speaker entfacht den Zündfunken, der auf das Publikum überspringt. Das ist seine Aufgabe, und genau dafür wird er bezahlt. Ob dieser Impuls in den darauffolgenden Wochen, Monaten oder vielleicht sogar Jahren tatsächlich umgesetzt wird, kann ein Speaker nicht beeinflussen. Aber das ist eben auch nicht sein Job. Er ist für das Entfachen des Feuers zuständig, alles Weitere liegt bei den Menschen im Publikum und ihren Unternehmen.

Der Begriff »Keynote« beschreibt das noch einmal aus einer anderen Perspektive. Eigentlich stammt er aus dem Musikbereich, dort bezeichnet die Keynote die Grundnote. Im übertragenen Sinne bedeutet das: Der Keynote Speaker gibt auf einer Veranstaltung den Ton vor, er legt den Kerngedanken, das grundsätzliche Thema des Tages fest. Ein Vortrag, der Ton und Thema bestimmt, findet logischerweise häufig zu Beginn der Veranstaltung statt. Der Keynote Speaker ist dann der Eisbrecher, der das Publikum motiviert, neugierig macht und auf den Tag einstimmt. Ein anderer beliebter Slot für Keynotes ist auch der erste Vortrag nach der Mittagspause. Viele Teilnehmer haben dann Probleme, sich zu konzentrieren, weil das Büffet so gut war. Der Keynote Speaker holt das Publikum wieder aus dem Lunch-Koma und bringt es zurück in das Thema der Veranstaltung. Auch zum Abschluss einer Veranstaltung gibt es oft eine Keynote-Rede, die die Informationen des Tages zu einem anregenden Impuls bündelt und so die Veranstaltung für die Teilnehmer abrundet.

Der Keynote Speaker spricht also meist dann, wenn das Publikum noch nicht ganz angekommen ist, wenn es Probleme hat, sich zu konzentrieren oder wenn es gedanklich schon auf der Heimfahrt ist. Er hat die Aufgabe, die Leute wieder auf den nötigen Energielevel zu bringen und das Publikum neugierig zu machen – auch auf eventuell folgende Fachvorträge, die zwar mehr Gewicht auf die Wissensvermittlung legen, aber auch häufig deutlich weniger unterhaltsam sind. Deshalb werden die Slots für Keynotes gerne mit erfahrenen Speakern besetzt, die ihr Publikum pushen können und denen die Menschen gerne zuhören. Manchmal treten während einer Veranstaltung auch mehrere bekannte Speaker auf, die jeweils einen Vortrag halten. Auch dann spricht man von Keynote-Vorträgen.

Eine klassische Keynote Speech dauert üblicherweise zwischen 45 und 60 Minuten. Doch die Dauer eines Auftrittes kann variieren. Ein fokussierter 20- bis 30-minütiger Vortrag – auch Impulsvortrag oder Impulsreferat genannt – ist ein ebenso beliebtes Format für Speaker. Und die Vorträge der berühmten TED-Talks dauern genau 18 Minuten – und keine Sekunde länger. Egal wie lange eine Rede dauert: Ihr Ziel ist immer das Gleiche: Impulse geben, Wissen vermitteln und Zusammenhänge aufdecken, die im Trubel des Tagesgeschäftes verborgen bleiben.

Seit wann gibt es Profi-Speaker?

Wahrscheinlich halten Menschen Reden, seit sie sprechen können. In der Antike waren die griechischen Philosophen wie Sokrates, Platon und Aristoteles für ihre Redekunst berühmt, sie verfassten auch die ersten Werke, die sich mit der Kunst der Rhetorik auseinandersetzten. Diese Tradition setzte sich im alten Rom mit hervorragenden Rednern wie Cicero und Cäsar über Jahrhunderte bis in die heutige Zeit fort, bis hin zu so berühmten Rednern wie Martin Luther King (»I have a dream«), Steve Jobs (»Stay hungry, stay foolish«) oder Barack Obama (»Yes, we can«). Sie alle waren allerdings keine berufsmäßigen Speaker. Selbst wenn auch ihre Reden brillant waren – sie sprachen in ihrer Eigenschaft als Politiker oder Unternehmer zu ihrem Publikum. Ein Barack Obama bekam für seine »Yes, we can«-Rede kein extra Honorar, obwohl sie »gezündet« und vielen Menschen einen Anstoß gegeben hat. Aber weil er nachweislich ein so großartiger Redner ist, zählt Obama heute, nach seiner aktiven Politikerkarriere, zu den weltweit am höchsten honorierten Speakern überhaupt. Dem Vernehmen nach soll er für einen einzigen Auftritt rund 400 000 US-Dollar erhalten – das ist so viel, wie er als US-Präsident in einem ganzen Jahr verdient hat.[1]

Dass Menschen für ihre Reden Geld bekommen, ist ein Phänomen, das es erst seit ungefähr 150 Jahren gibt. Im 19. Jahrhundert wurde vor allem in den USA aus der Redekunst ein Business: Für Veranstaltungen mit berühmten Schriftstellern wie Mark Twain oder Ralph Waldo Emerson wurde Eintritt verlangt. Die Redner verdienten mit solchen Auftritten Geld – manche wie Mark Twain sogar mehr als durch das Schreiben. Sie gehörten zu den ersten professionellen Speakern. Was einst mit einzelnen Rednern und wenigen bezahlten Vorträgen begann, hat sich inzwischen zu einem Millionengeschäft entwickelt. Nach wie vor gibt es öffentliche Redeveranstaltungen für ein breites Publikum, doch der Markt für Speaker ist vor allem durch Unternehmen, die Speaker für ihre Veranstaltungen buchen, in den vergangenen Jahren explodiert. Auftritte auf Firmen-Events sind daher auch die Haupteinnahmequelle der meisten Profi-Speaker. Dort gibt es die meisten Auftrittsmöglichkeiten, und es werden die höchsten Honorare gezahlt.

10 000 Euro pro Auftritt?

5000 Euro, 8000 Euro oder 10 000 Euro für einen 30-minütigen Auftritt – kein schlechter Stundensatz, oder? Für Profi-Speaker ist das die schöne Realität. Sie bekommen tatsächlich so viel für eine einzige Rede, egal ob diese 15, 20 oder 45 Minuten dauert. Und bei 10 000

Euro ist das Ende der Fahnenstange noch lange nicht erreicht. Natürlich bekommen nicht alle professionellen Keynote Speaker das sechsstellige Honorar eines Barack Obama – aber einige Stars der Szene erreichen durchaus hohe fünfstellige Honorarsummen. Als Einsteiger können Sie von solchen Zahlen natürlich erst mal nur träumen. Aber sie müssen kein Traum bleiben. Ich selbst habe klein angefangen und mich dann immer weiter gesteigert – dazu später mehr.

Doch wie rechtfertigt sich ein solcher Stundensatz? Nun, welches Honorar Sie persönlich als Keynote Speaker mit einem Auftritt abrufen können, hängt von genau denselben beiden Faktoren ab wie bei mir und wie bei jedem anderen Speaker auf der Welt. Er ergibt sich aus der Summe von nur zwei Faktoren: vom Wert, den Sie Ihrem Publikum liefern und vom Grad Ihrer Bekanntheit.

Bevor wir zu konkreten Zahlen kommen, lassen Sie uns kurz gemeinsam über die Formel »Wert + Bekanntheit = Honorar« nachdenken. Was ist das für ein Wert, und wie entsteht er? Um diese Frage zu klären, ist es sinnvoll, sich mit den Zielen der Veranstalter zu beschäftigen, die Keynote Speaker einladen. Wenn ein Unternehmen einen externen Speaker für eine Veranstaltung bucht, kann es zum Beispiel folgende Gründe haben:

- ❐ Das Unternehmen braucht fachlichen Input, den der Speaker mit seinem Expertenwissen liefern kann. Entweder ist das Fachwissen nicht da oder die Inhouse-Experten können es nicht vermitteln, beziehungsweise sie werden in der Organisation nicht ernst genommen.

- ❐ Die Veranstaltung ist das Kick-off für ein neues Projekt, auf dem Führungskräfte und Projektbeteiligte auf gemeinsame Ziele eingeschworen werden. Externe Speaker können den Background für den Sinn des Projektes untermauern und eine Vision vermitteln.

- ❐ Es gilt, unbequeme Botschaften zu verbreiten und sie abzufedern, etwa wenn eine Umstrukturierung ansteht. Die

Unternehmensleitung möchte von einem externen Experten erklären lassen, was der Hintergrund dafür ist – zum Beispiel wie die Digitalisierung die Arbeitswelt verändert und warum traditionelle Unternehmen nicht einfach so weitermachen können. Eine Veranstaltung kann helfen, die negative Stimmung aufzubrechen und Mitarbeiter zu motivieren.

- ❐ Das Unternehmen erstarrt in Routine, und die Mitarbeiter des Unternehmens kochen zu lange im eigenen Saft. Es herrscht ein Innovationsstau. Es braucht einen anderen Blickwinkel, eine neue Sichtweise, einen Impuls von außen.

- ❐ Das Unternehmen möchte seinen Kunden, Mitarbeitern oder Geschäftspartnern zeigen, dass es etwas für sie tut. Eine Veranstaltung mit hochkarätigen Speakern kostet Geld und ist aufwändig – und sie ist eine Wertschätzung, die das Unternehmen den Gästen entgegenbringt – egal ob es sich dabei um Mitarbeiter, Lieferanten, Händler, Vertreter oder Kunden handelt. Wer prominente Speaker bucht, zeigt dem Publikum auch: Den habe ich für *euch* eingekauft.

Der Wert für das Publikum besteht außerdem darin, dass der Speaker komplizierte Sachverhalte in einfache verwandelt, ohne dass es mühsam wird. Diese Arbeit nimmt er seinen Zuhörern ab, indem er seine Rede in wochenlanger Arbeit konzipiert, schreibt und daran feilt. Das Publikum kann diese Gedanken leicht nachvollziehen und hört entweder etwas Neues – oder etwas Bekanntes wird so vorgetragen, dass sich trotzdem ein Aha-Effekt einstellt. Das kann etwa durch eine neue Perspektive auf einen bekannten Sachverhalt geschehen. Oder die Rede ist so klar auf den Punkt gebracht, dass sich beim Publikum ein Moment der Klarheit einstellt. Ein Keynote Speaker inspiriert die Menschen, in ihrem Job oder in ihrem Leben künftig etwas anders zu machen, zum Beispiel durch provozierende Fragen und verblüffende Antworten. Er gibt Denkanstöße und den Impuls zur Veränderung. Ein etwas profanerer, aber ebenfalls wichtiger Wert ist, dem Publikum ein gutes Gefühl zu geben und es zu unterhalten. Der Idealfall ist, wenn der Speaker sein Publikum gleichzeitig begeistert und zum Handeln anregt.

Ein Redner muss einen Wert liefern, sonst würde man ihn nicht einladen. Soweit klar. Doch jemand, der die beste Rede der Welt hält, aber völlig unbekannt ist, wird niemals auch nur annähernd das Honorar eines bekannten Speakers erzielen. Da kann er selbst zehnmal besser sein als dieser. Warum? Wenn auf der Einladung zur Veranstaltung steht: »Es spricht Peter Maier«, dann ist die Frage: Klingelt bei den Leuten etwas? Niemand schreibt auf eine Einladung, wo dieser Peter Maier schon aufgetreten ist oder welche begeisterten Kundenstimmen es gibt. Das interessiert an dieser Stelle niemanden. Es geht ausschließlich darum, ob man beim Publikum bekannt ist oder gar zu einer Marke geworden ist. Und da muss man erst einmal hinkommen. Steht auf der Einladung: »Es spricht Barack Obama«, dann weiß jeder Mensch auf der Welt, wer das ist und dass er ein begnadeter Redner ist. Steht auf der Einladung »Es spricht Eckart von Hirschhausen«, dann wissen das in Deutschland und dem deutschsprachigen Ausland auch sehr viele Menschen. Steht auf der Einladung »Es spricht Reinhard K. Sprenger«, dann wissen alle, die mehr als ein Buch zum Thema Management gelesen haben, dass sie einen Vortrag erwarten können, der echte Impulse liefert. Bei einem (welt-)bekannten Redner weiß jeder im Publikum, dass der Veranstalter einem etwas bieten will. Er legt sich – auch finanziell – besonders ins Zeug. Und bei Events, bei denen das Publikum selbst bezahlt, gilt dasselbe: Eckart von Hirschhausen zieht mehr Menschen an als jemand, der noch weitgehend unbekannt ist.

Wenn Sie Ihre Dienstleistungen als Speaker anbieten, legen Sie Ihr Honorar selbst fest. Aber wie hoch darf es eigentlich sein? Einerseits möchten Sie sich nicht unter Wert verkaufen, doch andererseits werden Sie keine Aufträge bekommen, wenn Sie ein viel zu hohes Honorar einfordern.

Auf dem Speaker-Markt übliche Honorarstufen

1000 bis 3000 Euro	Einsteiger
3000 bis 6000 Euro	Profi-Speaker
6000 bis 12 000 Euro	bekannte Profi-Speaker
12 000 bis 50 000 Euro	Speaker, die eine »Top-Marke« sind
darüber	internationale Star-Speaker

Für Profi-Speaker wird der Markt interessant, wenn Firmenkunden ins Spiel kommen. Das Honorar für professionelle Redner beginnt dann bei 3000 Euro pro Auftritt. Haben Sie gerade in der Speaker-Szene Fuß gefasst, liegt der Satz eher am unteren Rand, als szenebekannter Speaker eher am oberen Rand bei circa 6000 Euro pro Auftritt. Um für mehr als 6000 Euro gebucht zu werden, benötigen Sie eine gewisse öffentliche Bekanntheit und eine hohe Relevanz für Ihr Publikum, zum Beispiel als *Spiegel*-Bestseller-Autor.

Genauso war es bei mir. Meinen allerersten bezahlten Vortrag hatte ich Anfang 2015, für den ich gleich 3000 Euro Honorar erhielt. Wie im letzten Kapitel gesagt, sprach ich damals vor etwa 180 Marketingleitern über meine Erfahrungen mit Crowdfunding, Startups und die veränderten Führungsaufgaben in Zeiten der Digitalisierung. Danach war ich voll motiviert, mich ins Zeug zu legen, um so schnell wie möglich ein Honorar oberhalb des Einsteiger-Levels rechtfertigen zu können. Im selben Jahr erhielt ich bereits mehr Anfragen, von denen ich jedoch natürlich nicht alle in Aufträge umwandeln konnte. Trotzdem stand ich bis Ende des Jahres circa ein halbes Dutzend Mal auf der Bühne. Im nächsten Jahr stand ich bis Jahresende rund doppelt so häufig auf der Bühne und erhöhte mein Vortragshonorar. Genauso lief es im darauffolgenden Jahr, mehr Honorar und doppelt so viele Aufträge wie im Jahr zuvor. 2018 steigerte sich die Wachstumsrate noch mal, sodass mein Honorar mittlerweile im Bereich von über 6000 Euro angekommen war und ich in dem Jahr 66-mal auf der Bühne gestanden habe. 2019 werden es voraussichtlich über 100 Auftritte sein, unter Umständen werde ich im Laufe des Jahres auch mein Honorar noch einmal anpassen. Um dorthin zu kommen, habe ich neue Bücher veröffentlicht, Gastkolumnen geschrieben, einen Podcast gestartet und vor allem kontinuierlich an meiner Performance und meinen Vorträgen gearbeitet.

Ich berichte Ihnen von meinem Weg nicht so detailliert, um anzugeben. Ich kann Ihnen auch keine Garantie geben, dass es bei Ihnen genauso läuft. Der Punkt, um den es mir geht, ist Ihnen zu zeigen: Der Weg von null auf hundert kann sehr schnell gehen. Das ist viel Arbeit, aber nicht unrealistisch. Auch Sie können als Speaker klein anfangen und daraufhin schnell und stetig erfolgreicher werden. Wenn Sie sich zunächst auf Ihren Wert für das Publikum konzentrieren, dann steigern Sie somit auch Ihre Bekanntheit. Es ist wie ein sich selbst verstärkender Kreislauf: Mit jedem Auftritt werden Sie noch professioneller und besser und können dem Publikum mehr Wert mitgeben, und das spricht sich herum. Einerseits werden Sie teilweise direkt aus dem Publikum heraus für den nächsten Auftrag engagiert, andererseits werden Sie in der Szene immer bekannter – Veranstalter sprechen miteinander! Beides wird Ihren Marktwert immer weiter erhöhen. »Bühne macht Bühne« ist in der Szene ein geflügeltes Wort für diesen Zusammenhang. Und wenn Sie Ihre Bekanntheit zum Beispiel durch Buchveröffentlichungen und Medienpräsenz noch weiter steigern, können Sie auch die 6000-Euro-Grenze knacken.

Ein Honorar von mehr als 12 000 Euro pro Auftritt bekommen nur die Stars der Branche. All diese Redner sind »Marken« wie Nike, Apple und Google – je bekannter, desto teurer. Zu diesem illustren Kreis zählen TV-Stars wie Eckart von Hirschhausen, Ex-Politiker wie Joschka Fischer oder prominente Ex-Sportler wie Boris Becker. Auch Business-Gurus wie Matthias Horx oder Tom Peters tummeln sich in diesem Umfeld. Internationale Spitzengagen von über 50 000 Euro bekommen nur absolute Top-Stars wie der Nobelpreisträger für Wirtschaft Gary Stiglitz (ab 50 000 US-Dollar[2]), prominente Unternehmer wie Richard Branson (ab 75 000 US-Dollar[3]) oder Gary Vaynerchuk (ab 100 000 US-Dollar[4]) sowie der Persönlichkeitscoach und Speaker-Veteran Tony Robbins (ab 200 000 US-Dollar[5]). Die absoluten Topverdiener sind frühere Spitzenpolitiker von Weltniveau wie Bill Clinton (250 000 US-Dollar[6]) oder der bereits erwähnte Barack Obama (400 000 US-Dollar). All diese Menschen haben für ihren Status allerdings auch Jahre und Jahrzehnte gearbeitet.

Es gibt neben den bezahlten Engagements noch unglaublich viele Auftrittsmöglichkeiten für Redner, bei denen gar kein Honorar gezahlt wird oder nur wenige Hundert Euro, um vielleicht die Reisekosten zu begleichen. Sehr viele Veranstalter haben kein Budget für Redner, zum Beispiel im universitären Bereich. Häufig fällt dann ein Satz wie: »Wir haben noch nie mehr als 400 Euro für einen Speaker gezahlt.« Dieser Markt ist eine wunderbare Möglichkeit, um sich auszuprobieren und Ihre Fähigkeiten als Redner zu entwickeln, bevor Sie ein Honorar dafür verlangen und erwiesenermaßen auch in der Lage sind, einen entsprechenden Wert zu liefern. Ein Profi-Speaker, der von seinen Auftritten lebt, kann solche Anfragen später nicht mehr annehmen – und wenn, dann nur als Goodwill-Aktion. Ich selbst besuche genau einmal im Jahr eine Universitätsveranstaltung, die ich mir allerdings sehr genau ausgesucht habe. Würde ich alle Anfragen von Unis, Vereinen oder Studentengruppen annehmen, dann wäre ich 365 Tage im Jahr unterwegs und hätte noch keinen Euro verdient.

Ihr Ziel sollte es sein, das Einsteigerniveau möglichst schnell hinter sich zu lassen. Denn Sie bekommen Ihr Honorar ja nicht dafür, dass Sie 45 Minuten reden, es steckt auch viel versteckte Arbeit dahinter, die kein Mensch sieht: eine Rede entwickeln, perfektionieren und einüben; Auftragsbearbeitung und Abwicklung, inkl. schriftlichem Angebot; Auftragsbestätigung; Briefing; Anpassen des Vortrages an das konkrete Event; das Üben des konkreten Vortrages; Buchen der Reise; Abstimmung von Kosten und Modalitäten mit dem Veranstalter; die Anreise und die Rückreise; die Vorbereitung am Ort des Vortrages; die Rede selbst; danach Gespräche mit dem Veranstalter oder Zuschauern, gegebenenfalls noch ein Diskussionspanel; Nachbereitung; Dankesbrief oder -mail, Zusenden von Material ... und, und, und. Auch wenn ein Sekretariat einige dieser Tätigkeiten übernimmt – es muss bezahlt werden. Manche dieser Kosten fallen auch an, wenn kein Auftrag zustande kommt – und auch das muss in die Honorarkalkulation miteinfließen. Noch gar nicht einmal eingerechnet sind dabei Ausgaben für PR, Marketing, den Unterhalt des eigenen Verwaltungsapparates von Büro über Angestellte und Dienstleister, die Provision für die Redneragentur, bis hin zur Steuer.

All das müssen Sie als Speaker immer leisten und dafür Zeit und Geld investieren, egal auf welcher Honorarstufe Sie sich befinden. Auch als Einsteiger. Bei einem Honorar von 1500 Euro rechnet sich das Geschäft einfach nicht dauerhaft. Arbeiten Sie zunächst am Wert und daran, mehr und mehr an Bekanntheit zu gewinnen, dann können Sie allerdings auch bald in Sachen Auftrittshonorar Fortschritte erzielen. Ein weiterer schöner Punkt: Je mehr Auftritte Sie machen, desto mehr »skaliert« ihr Geschäftsmodell. Klar, es skaliert nicht in dem Sinne wie digitale Geschäftsmodelle dies tun (einmal Twitter erfinden, 10 Millionen Nutzen haben), und es ist auch kein passives Einkommen, das ohne Sie als Person auskäme. Doch der Aufwand, einen tollen Vortrag zu bauen und zu lernen, dauert Wochen. Wenn Sie diesen Vortrag nur einmal halten, können Sie nicht davon leben. Wenn dies jedoch ein Vortrag in Ihrem Repertoire wird, den Sie zehnmal im Jahr halten, dann relativiert sich der Aufwand!

Der Markt für Keynote Speaker

Existiert überhaupt ein Markt für neue Keynote Speaker? Absolut! Gelegenheiten, um aufzutreten und Geld zu verdienen, gibt es reichlich. Wenn man bedenkt, dass fast jedes größere Unternehmen mindestens einmal im Jahr eine Veranstaltung für Mitarbeiter, Kunden oder Geschäftspartner organisiert und dafür Profi-Speaker einlädt, dann sind das allein schon mehrere zehntausend bezahlte Auftrittsmöglichkeiten durch Firmen. Hinzu kommen Verbands- und Handelskammertagungen für die Mitglieder, Messen und Kongresse für ein Fachpublikum.

Es gibt Kundenveranstaltungen, Managementtagungen, Mitarbeiter-Events, Vertriebsmeetings, Verbandstreffen, Innovationstage, Dinner Events, Kick-off Events, Kongresse, Messen, Firmenjubiläen, Management-Klausuren, Sommerakademien und noch viel mehr. Es gibt wirklich viele Veranstaltungen mit breit angelegtem Themenspektrum, für die Speaker auf die Bühne geholt werden. Es sind auch nicht immer nur die bekannten Konzerne aus DAX & Co, die große und großartige Events veranstalten und entsprechend Bedarf nach professionellen Speakern auf allen Honorarstufen haben, sondern wie gesagt auch Verbände, Sparkassen, Vereine, Kammern und sonstige Institutionen.

Zusätzlich wächst der Markt für offene Veranstaltungen mit Speakern, die im Infotainment-Bereich anzusiedeln sind, ebenfalls rasant. Das sind zum Beispiel Wissensforen für ein allgemeines Publikum – oft organisiert von großen überregionalen Tageszeitungen und Magazinen. Auch bei offenen Formaten wie den GEDANKENtanken-Rednernächten geht es eher um Infotainment. Um das Programm sehen zu können, zahlen Privatpersonen selbst den Eintritt, zum Teil über 100 Euro. Die Auftritte der Speaker sind dann eine Art Unterhaltungsprogramm mit intellektuellem Anspruch. Das Publikum wird dabei genauso gut unterhalten wie zum Beispiel bei einem Comedy-Abend – und lernt dabei noch etwas.

Gerade von Vertretern der jüngeren Generation und in der Startup-Szene werden außerdem auch immer wieder neue Veranstaltungsformate erfunden, zum Beispiel Digitalkonferenzen wie die re:publica in Berlin, das Online-Marketing-Rockstars-Festival in Hamburg (40 000 Teilnehmer, 300 Speaker, Musik-Acts wie Deichkind, Marteria oder Fünf Sterne Deluxe[7]), oder der in wechselnden europäischen Städten stattfindende Web Summit (70 000 Teilnehmer, 1200

Speaker[8]). Bei manchen Events gibt es nur noch selten eine Distanz zwischen Vortragenden und Publikum – es werden Workshops, Panels, Diskussionen abgehalten. Solche Veranstaltungen sind zum Teil riesige Partys, auf denen auch Bands spielen. Aber auch dort treten Profi-Speaker auf und bekommen meistens Geld dafür.

Für Sie als Speaker macht es im Endeffekt keinen Unterschied, ob das Publikum Eintritt bezahlt oder eingeladen wird. Es ändert nichts an den Anforderungen, die an Sie gestellt werden. Doch nicht jeder Vortrag ist gleich. Natürlich müssen Sie sich auf Ihr Publikum auch einstellen. Wenn Sie in einer Stadthalle vor Otto Normalverbrauchern sprechen, wird das ein anderer Vortrag sein, als wenn Sie in einer Firma auf C-Level oder vor Geschäftsführern sprechen. Aber in puncto Wert, Qualität und Performance darf es da keine unterschiedlichen Niveaus geben.

Für all die oben genannten Events suchen die Veranstalter Redner. Im deutschsprachigen Raum gibt es aktuell gut 1000 Speaker, die über Redneragenturen angeboten werden und noch unzählige weitere, die diese Hürde bislang noch nicht erklommen haben. Viele dieser Redner halten nur eine Handvoll Vorträge im Jahr. Die Zahl derer, die es schaffen, mehrere Dutzend oder gar über 100 Vorträge im Jahr zu halten, ist deutlich geringer. Davon gibt es in Deutschland nur einige 100.

Insgesamt ist die Anzahl der Redner in den vergangenen Jahren gewachsen. Das liegt nicht nur an den Honoraren, sondern auch daran, dass Speaker manchmal wie Popstars gefeiert werden und auf manchen neuartigen Veranstaltungen für die jüngere Generation sogar im Wechsel mit solchen auftreten. Es ist cool geworden, Keynote Speaker zu sein. Ja, cool ist es in der Tat. Aber viele Neueinsteiger unterschätzen den Aufwand, den sie betreiben müssen. Viele kommen nicht wirklich weiter und damit auch nie in der Profi-Szene an. Warum? Wer das Projekt Keynote Speaker nur halbherzig und nicht mit der nötigen Ernsthaftigkeit angeht, wird das selbst sehr schnell erfahren. Und deshalb wird es auch in Zukunft immer einen Bedarf an guten, neuen

Keynote Speakern geben, ganz gleich wie viele Wettbewerber es gibt. Denn viele Anfänger unterschätzen die Mühe, die die Vorbereitung eines überzeugenden Bühnenauftritts mit sich bringt – gerade, wenn Sie »nebenbei« mit einem 4-Stunden-Startup starten. »Nebenbei« heißt dann zwar in gewissem Maße »risikolos«, aber sicher nicht »weniger Aufwand«. Man kann auch noch so viele Bücher zu diesem Thema gelesen oder sogar ein teures Ausbildungsprogramm zum Keynote Speaker absolviert haben. Der Weg zum Profi-Speaker ist mit harter Arbeit verbunden, und die kann einem niemand abnehmen. Wer faul ist oder nicht genug Durchhaltewillen hat, wird es nicht schaffen.

Das mag hart klingen, aber es ist auch Ihre Chance, mit gewissenhafter Arbeit auf dem Redner-Markt Fuß zu fassen. Und ich kann Ihnen versichern: Die Mühe lohnt sich. Es ist eine tolle Art, seinen Lebensunterhalt damit zu bestreiten, vor Menschen zu reden und dabei frei und ungebunden zu sein. Es gibt viele gute Gründe, warum es sich lohnt, Keynote Speaker zu werden. Ein paar davon will ich Ihnen genauer zeigen.

Warum es sich lohnt, Keynote Speaker zu werden

Warum gehen die Menschen auf die Bühne? Und was reizt Sie daran? Was steckt konkret hinter Ihrem Wunsch, Keynote Speaker zu werden? Bevor Sie lospowern und alle Hebel in Bewegung setzen, um auf dem Redner-Markt Fuß zu fassen, machen Sie sich einmal klar, warum Sie das tun. Es ist wichtig, sich die positiven Aspekte vor Augen zu führen, die der Beruf Keynote Speaker mit sich bringt. Denn es motiviert Sie hoffentlich, vom Wollen zum Handeln zu kommen, also wirklich anzufangen. Und andererseits wird nicht alles immer nur glatt gehen und die Erfolgskurve steil nach oben zeigen. Auch bei mir gab es genügend Rückschläge und Motivationstiefs, die sich in den nackten Zahlen à la X Auftritte pro Jahr nicht abbilden lassen. Wenn Sie sich Ihrer Motivation aber absolut klar sind, ist dies ein mächtiges Tool, um sich auf den Weg zu machen – und ihn auch konsequent zu verfolgen.

Wir hatten schon darüber gesprochen. Erst einmal gibt es einen ganz banalen Grund, warum es sich lohnt, Keynote Speaker zu werden. Er ist betriebswirtschaftlicher Natur: die Aussicht, gutes Geld zu verdienen. Denn auch wenn ein Speaker sein Honorar nicht alleine mit 30 oder 60 Minuten Arbeit während des Auftritts verdient, sind die Verdienstmöglichkeiten sehr gut. Als erfolgreicher Speaker können Sie zum Beispiel deutlich mehr verdienen als ein Seminartrainer, der ähnliche Themen hat. Sie können mehr verdienen als eine Fachkraft und vielleicht sogar mehr als ein Unternehmer.

Aber es gibt nicht nur die monetäre Seite. Vielleicht geht es Ihnen um etwas Größeres. Etwas, das Sinn stiftet. Oder etwas, das Menschen hilft und die Welt besser macht. Ich bin davon überzeugt: Jeder erfolgreiche Speaker hat solch ein Anliegen, das ihn insgeheim antreibt. Jeder gute Redner möchte eine Botschaft verbreiten. Das ist auch bei mir so. Mein Ziel ist es, dabei mitzuhelfen, dass sich die Arbeitswelt verändert und damit auch die Welt, in der wir leben. Meine Message der vergangenen Jahre war es, mehr Startup-Spirit in die Unternehmen zu bringen und zu zeigen, dass die Ideen normaler Mitarbeiter nicht irgendwelche Hirngespinste sind, sondern ganz real die Unternehmen und die Wirtschaft insgesamt – und letztlich die Arbeit für jeden Einzelnen – besser machen. Meine Themen sind mir ein echtes Anliegen und haben alle auch mit mir selbst zu tun: Ich werde nicht müde, darüber in Büchern oder Blogs zu schreiben, bei Vorträgen oder Podcasts darüber zu sprechen und immer neue Ideen zu entwickeln. Es ist eine Arbeit, die mir wichtig ist und mir Erfüllung gibt. Deshalb fühlt es sich auch nur selten wie Arbeit im klassischen Sinne an.

Haben Sie auch eine Botschaft? Wahrscheinlich ist es eine andere als meine. Vielleicht möchten Sie Menschen Mut machen, sich selbst mehr wertzuschätzen, aus ihrem Schneckenhaus zu kommen und den Austausch mit anderen zu wagen. Oder Sie möchten die Welt empathischer machen und legen dar, warum das gut ist. Sie müssen aber nicht immer gleich die Welt retten wollen. Als nebenberuflicher Speaker können Sie zum Beispiel mit Ihren Auftritten Ihr eigentliches Kerngeschäft bekannter machen. Sind Sie zum Beispiel Inhaber einer Firma, Repräsentant einer sozialen Organisation oder Berater, dann sind Ihre Auftritte gleichzeitig auch beste Werbung, womöglich direkt bei Ihrer Zielgruppe. Was auch immer Ihr persönliches Motiv ist – als Speaker auf der Bühne finden Sie die perfekte Situation, um andere mitzunehmen und von Ihren Ideen zu überzeugen, und zwar Menschen aus ganz unterschiedlichen Lebenswelten. Ich selbst kann mich an Wochen erinnern, in denen ich dienstags auf einem Stadtwerkeforum gesprochen habe, Mittwochmorgen bei einer Gründermesse, nachmittags bei einem Verbandstag der Heizungsbauer und donnerstags auf der Kundenveranstaltung eines Sanitärgroßhändlers. Die Bandbreite ist wirklich enorm. Stellen Sie sich vor: 300 oder 3000 Menschen schenken Ihnen eine Stunde Zeit, um Ihnen zuzuhören. Ob sie Ihre Message verstehen und ihr folgen, ob Ihre Botschaft sie zum Nachdenken anregt, das liegt ganz allein an Ihnen. Es ist eine große Chance und eine tolle Herausforderung.

Gelingt es Ihnen, Ihre Botschaft zu verbreiten, ist das sehr befriedigend. Sie haben das, was Ihnen wichtig ist, vorangebracht. Und quasi als Nebeneffekt eines erfolgreichen Vortrages stellt sich ein anderes positives Gefühl ein: Anerkennung. Jeder Mensch sehnt sich nach Anerkennung, und jeder Speaker, sei er noch so bescheiden, genießt dieses Gefühl. Meistens spüren Sie, wenn Ihr Vortrag ankommt und der Funke auf das Publikum überspringt. Die offensichtlichste Form von Anerkennung ist der Applaus am Ende einer gelungenen Rede. Ich selbst werde häufig gefragt, ob es dieser Applaus ist, der mich antreibt und beflügelt. Nun, bei mir war das am Anfang meiner Karriere als Keynote Speaker nicht so. Im Gegenteil: Es war für mich ein komisches Gefühl, wenn am Ende der Applaus kam. Da kam zunächst ein abwehrender innerer Impuls in mir auf. Meine innere Stimme sagte so etwas wie: »Hey Leute, wofür denn? Übertreibt es mal nicht.« Das ging eine ganze Weile so. Ich hatte schon längst Spaß an den Vorträgen selbst, bevor ich einige Zeit später auch den Applaus genießen konnte. Mittlerweile habe ich gelernt, dass es wichtig ist, diesen Applaus anzunehmen. Das Klatschen am Ende signalisiert die Wertschätzung des Publikums. Und dafür bin ich dankbar. Der Applaus ist aber nicht mein eigentlicher Ansporn. Es geht nicht um meine Person, auch wenn ein gewisses Maß an Eitelkeit bei den meisten Rednern sicher dazugehört. Es geht eher um Anerkennung für das, was ich sage. Denn ich möchte meinem Thema und meinen Botschaften zu Wahrnehmung und Anerkennung verhelfen. Und wenn die Leute am Ende klatschen, dann weiß ich, dass es funktioniert hat.

Direktes Feedback motiviert

Ein Keynote-Vortrag dauert in den meisten Fällen »nur« 45 Minuten oder eine Stunde, doch es gibt dabei einen maximalen Vergrößerungs- und Verstärkungseffekt. Sie können viele Menschen gleichzeitig erreichen und ihnen einen Impuls geben – und Sie bekommen es live, in 3D und Farbe mit. Sie stehen in direktem Kontakt zum Publikum und bekommen dessen Reaktionen unmittelbar mit. Das ist eine intensive Erfahrung. Ohne jetzt esoterisch klingen zu wollen: Im Vortragsraum kann tatsächlich eine Art Energie entstehen, die es in virtuellen Räumen nicht gibt. Es entsteht eine Verbindung zwischen Redner und Publikum, die alle Aspekte der verbalen und nonverbalen Kommunikation umfasst. Es ist etwas ganz Tolles, wenn man merkt, dass die eigene Rede etwas bewirkt. Man sieht und hört es, wenn das Publikum lacht; man bekommt mit, wenn die Leute nachdenken; und man spürt sogar, wenn man Menschen den passenden emotionalen Anstoß geben konnte.

Natürlich gibt es heute auch andere Möglichkeiten, mit vielen Menschen zu kommunizieren und etwas in ihnen anzustoßen. Klar, mit Blogs, Instagram-Storys, Videos oder Podcasts erreicht man möglicherweise viel mehr Leute, wenn man es geschickt anstellt. Das kann sein. Aber es ist doch etwas anderes. Ein Blogger hat mit einem Posting theoretisch vielleicht eine größere Reichweite als ein Speaker in 60 Minuten, aber es fehlen der direkte Kontakt zu den Adressaten und deren direktes Feedback. Ein »Thumbs up« oder ein Herz bedeuten noch lange nicht, dass jemand wirklich etwas mitnimmt oder überhaupt angeschaut hat.

Oder vergleichen wir einmal die Tätigkeit als Buchautor mit der eines Keynote Speakers. Mit einem Buch kann man theoretisch unendlich viele Menschen erreichen. Und es gibt unglaublich gute, inspirierende Autoren. Aber bis ein Autor eine Reaktion von den Lesern auf seine Message bekommt, vergehen Monate und manchmal Jahre. So lange kann es dauern, bis ein Buch geschrieben und veröffentlicht ist. Obwohl Autoren und Speaker im Grunde vieles gemeinsam haben und daher auch häufig beide Rollen innehaben, leben sie in puncto Feedback doch in unterschiedlichen Welten. Wenn es schlecht läuft, merkt der Buchautor vielleicht erst durch einen Leserkommentar bei Amazon, dass ein Kapitel nicht so gut funktioniert hat wie gedacht. Der Speaker auf der Bühne merkt sofort und sehr direkt, wenn seine Message nicht ankommt. Und er hat die Chance, dieses Feedback zu nutzen. Wenn Sie als Autor merken, dass ein Kapitel nicht so funktioniert, wie Sie es sich erhofft haben, haben Sie Pech. Dann können Sie vielleicht in der nächsten Auflage daran noch etwas ändern. Wenn Sie jedoch als Speaker dreimal die gleiche, nicht funktionierende Passage nutzen, dann haben Sie nicht dazugelernt, obwohl es möglich und auch nötig gewesen wäre.

Ein abwechslungsreiches, selbstbestimmtes Leben

Es gibt noch mehr Dinge, die ich am Speaker-Beruf sehr schätze: Das Leben ist extrem abwechslungsreich, und man lernt unglaublich viele interessante Menschen kennen. Spannend sind zum Beispiel die unterschiedlichen Auftraggeber aus ganz unterschiedlichen Branchen, in ganz unterschiedlichen Größen und mit ganz verschiedenen Kulturen. Wie vorhin schon angedeutet: An einem Tag redet man bei der Kundenveranstaltung einer Private-Equity-Firma vor 30 Multimillionären, dann steht man bei einem Landmaschinenhersteller vor 500 Mitarbeitern auf der Bühne, und am nächsten Tag hält man einen englischen Vortrag bei einem internationalen Kongress in Madrid. Das sind komplett unterschiedliche Welten, zu denen man normalerweise keinen Zugang hat. Wer weiß schon, was die Beschäftigten einer Private-Equity-Firma so machen und wer ihre Kunden sind? Ihre Arbeit findet für die Öffentlichkeit ja quasi hinter verschlossenen Türen statt. Ganz andere Charaktere waren die besagten Kunden des Landmaschinenherstellers. Es ist super spannend, einen Einblick in das Geschäft des jeweiligen Auftraggebers zu bekommen. Zwar nur kurz, aber immer auch sehr intensiv.

Man hat die Chance reinzuhören, sich zu unterhalten, bekommt sehr viel mit von der Unternehmenswelt und den Menschen, die dort arbeiten. Man schaut fast täglich in unterschiedliche Business-Bereiche hinein, kommt in Unternehmen und erfährt so einiges von ihrem Innenleben. Man bekommt mit, wie die Leute ticken, wie sie angezogen sind, wie sie sich verhalten und wie die DNA des Unternehmens ist – und das häufig über die komplette Hierarchie hinweg, vom Sachbearbeiter bis hin zum Vorstand. Dieser Reichtum an Erfahrungen, die Abwechslung und die Mischung ist ein Grund dafür, warum ich das Leben als Keynote Speaker so interessant finde. Man wirft wie mit einer Lupe innerhalb von kürzester Zeit einen Blick auf die unterschiedlichen Facetten der hiesigen Gesellschaft und Wirtschaftslandschaft.

Ein anderer wichtiger Aspekt, warum Keynote Speaker ein Traumberuf ist, ist die Freiheit. Als Keynote Speaker führen Sie ein selbstbestimmtes Leben. Sie können sich im Prinzip Ihre Zeit frei einteilen. Vielleicht geht es Ihnen, wie es mir ging: Ich habe in einem Konzern gearbeitet, bin dort aufgestiegen – und trotzdem hatte mir etwas gefehlt. Der Alltagstrott hatte mein Leben bestimmt und die Neugier unterdrückt. Vielleicht hatte ich das Glück, dass ich einfach jung und noch mutig genug war, um den Absprung aus der Konzernwelt zu schaffen und nicht die klassische Karriere anzustreben. Wenn ich mir mein freies und selbstbestimmtes Leben als Keynote Speaker heute ansehe, bin ich dankbar dafür.

Diese Freiheit gibt Ihnen die Möglichkeit, nebenbei noch andere Dinge zu machen – etwa den normalen Job weiterzuverfolgen oder ein weiteres, ganz anderes 4-Stunden-Startup aufzuziehen. Doch auch wenn man das nicht tut, gehören einige Dinge zum Beruf, die andere – zu Unrecht – als Freizeit ansehen. Wer nicht den ganzen Tag pausenlos am PC rackert, liegt längst nicht auf der faulen Haut. Aktive Regeneration gehört dazu, wenn man auf der Bühne Höchstleistungen abliefern möchte. Genauso wie Schauspieler, Fußballer, Profi-Musiker und eigentlich alle Unterhaltungskünstler mit ihren Ressourcen haushalten müssen. Für einen Keynote Speaker bedeutet das regelmäßiges Fitness- und Ausdauer-Training, Entspannungsübungen und vor allem Stimmtraining.

Das ist wichtig, denn gerade in der Hochsaison, wenn es viele Veranstaltungen gibt, steht man enorm unter Stress. Zum Teil tritt man dreimal am Tag bei unterschiedlichen Veranstaltungen auf, manchmal sogar in verschiedenen Ländern! Und deswegen ist Regeneration auch so wichtig – es wäre unprofessionell, wenn die erste Rede besser ist als die dritte, weil man dann frischer war. Der Auftraggeber hätte das nicht verdient. Ob man nun drei Auftritte an einem Tag annehmen will, bleibt einem zum Glück auch selbst überlassen. Denn als selbstständiger Speaker kann man seine Termine sehr weit im Voraus planen – Anfragen kommen in der Regel für Veranstaltungen, die erst drei bis sechs Monate später stattfinden, teilweise sogar über ein Jahr. Man hat die Freiheit, sich auch mal für einen Monat am Stück oder länger einfach auszuklinken. Man macht für diese Zeit einfach keine Termine.

Das habe ich zum Beispiel getan, direkt nachdem ich dieses Buch geschrieben habe. Es war mitten im Winter. Ich bin für einen Monat auf die Sommerseite des Planeten geflogen und konnte wirklich loslassen.

Weil ich wusste, ich bin mein eigener Chef, das letzte Jahr war erfolgreich, und für das neue Jahr sind schon viele Auftrittstermine vereinbart. Ich musste meine Reise nicht mit Kollegen abstimmen oder irgendwen um Erlaubnis fragen. Als selbstständiger Keynote Speaker liegt die Zeithoheit bei mir selbst. Außerdem verpasse ich in dieser Zeit kaum Aufträge, denn um Weihnachten und den Jahreswechsel herum finden für mich keine relevanten Veranstaltungen statt – die Leute sind im Jahresendstress oder im Urlaub. Das gleiche gilt übrigens für den Sommer. Auch hier verpassen Sie als Keynote Speaker wenig. Ich selbst war in den vergangenen Jahren immer von Mitte Juli bis Mitte August im Urlaub. Mein Jahr hat also nur zehn Monate Arbeit und zwei Monate Urlaub.

Ist es auch Ihr Leben?

Sie sehen, ich liebe meinen Job und die Formulierung »Traumberuf« ist nicht zu hoch gegriffen. Wie bei jeder tollen Sache gibt es aber auch beim Beruf des Keynote Speakers eine Einschränkung: Es ist nicht jeder dafür geschaffen, und nicht jeder ist dazu in der Lage, die zeitlichen Anforderungen als Redner mit seinen anderen Verpflichtungen und Vorstellungen vom Leben zu vereinbaren. Sie müssen nicht besonders extrovertiert sein, aber eine gewisse Affinität besitzen, vor Menschen sprechen zu wollen. Und Sie müssen sich bewusst machen, dass Sie sich als Speaker aus der Anonymität heraus in die Öffentlichkeit begeben. Sie zeigen sich. Erfolgreiche Speaker werden bekannt und sogar zu öffentlichen Personen. Nicht jeder Mensch ist dafür gemacht. Aber das ist noch nicht alles. Sie müssen auch den Willen und die Fähigkeit haben, klar und eindeutig in Ihren Botschaften zu sein. Als Speaker müssen Sie klare Positionen vertreten und den Mut haben, auch einmal Widerspruch herauszufordern. Kein Mensch will Redner, die ihre Botschaft mit vielen »vielleichts« und »irgendwies« relativieren und abschwächen oder in ihren Vorträgen das Für und Wider so lange debattieren, bis am Ende gar nicht klar ist, welche Meinung sie überhaupt vertreten. Sie brauchen als Speaker eine Haltung und müssen diese auch zeigen. Das ist nicht jedermanns Sache, was auch nicht schlimm ist. Aber wenn Sie darüber nachdenken, Speaker zu werden, dann überprüfen Sie am besten noch einmal, ob Sie ein Typ sind, der klar und mit einer eindeutigen Haltung nach außen geht und dafür auch einmal kritisiert werden wird. Auch das können Sie lernen – aber Sie müssen es auch wollen.

Ein anderer Aspekt: Das Leben als professioneller Keynote Speaker ist besonders, und das betrifft auch den Lebensstil. Als Redner, der von seinen Auftritten leben kann, werden Sie viel unterwegs sein. Ich hatte es bereits beschrieben: Dienstag bei der Private-Equity-Firma, Mittwoch beim Landmaschinenhersteller, Freitag bei einem Kongress in Spanien. Das kann man positiv sehen. Aber wenn man erfolgreich ist und 50 oder sogar 100 oder mehr Auftritte innerhalb eines Jahres absolviert, ist man eben auch sehr viel unterwegs und nicht zu Hause, natürlich am Tag des Auftritts, und teilweise auch am Tag davor oder danach. Das summiert sich. Und wenn in der Hochsaison viele Termine anstehen, werden Sie auch mal ein, zwei Wochen am Stück unterwegs sein, aus dem Koffer leben und ausschließlich in Hotels übernachten.

Für mich ist dieses Leben im Moment eine Bereicherung. Ich genieße es, unterwegs zu sein, neue Eindrücke zu sammeln und Menschen kennenzulernen. Aber wenn ich anderen davon erzähle, merke ich, dass es nicht für jeden vorstellbar ist. Entscheidend ist auch die persönliche Lebenssituation: Planen Sie gerade, ein Haus zu bauen? Haben Sie kleine Kinder? Pflegen Sie jemanden aus der Verwandtschaft? Sind Sie in einem Verein engagiert oder anderweitig ehrenamtlich tätig und müssen deswegen Woche für Woche an einem bestimmten Tag zur Sitzung oder zum Sport-Match anwesend sein? Ist es für Sie zurzeit gesetzt, dass Sie Vollzeit in Ihrem derzeitigen Job bleiben? Dann wird es eventuell schwierig. Was ich damit meine: Es gibt Phasen im Leben, da ist es spannend, unterwegs zu sein. Und es gibt Phasen, da ist es störend.

Als Einsteiger in das Speaker Business stellt sich Ihnen diese Frage noch nicht. Und wenn Ihr Ziel ganz klar ist, dass Sie nur nebenbei als Redner unterwegs sein möchten, dann vielleicht auch später nicht. Wenn Sie aber von Ihren Auftritten gut leben können wollen, dann erreichen Sie das nur mit einer gewissen Anzahl an Auftritten. Und das bedeutet: Irgendwann geht nicht mehr alles gleichzeitig. Es gibt Monate mit viel Action, die Sie fast komplett Ihrer Tätigkeit als Speaker widmen, und andere Phasen, in denen Sie wieder mehr Zeit für Freunde, Familie und Freizeitaktivitäten haben. Auch diese Aspekte gehören dazu, um sich ein realistisches Bild von diesem »Traumberuf« machen zu können. Nehmen Sie diese Umstände an, können Sie den Weg zum professionellen Keynote Speaker bewusst und positiv gehen!

3. Ihre Positionierung

Sie haben inzwischen den Beruf Keynote Speaker, den Markt und die Branche ein wenig kennengelernt. Jetzt geht es darum, wie Sie sich selbst in diesem Markt positionieren. Der Begriff Positionierung bedeutet zweierlei: Zum einen macht sie Ihren potenziellen Kunden – den Firmenkunden und Veranstaltern – klar, wofür Sie als Speaker stehen. Zum anderen macht sie deutlich, wie Sie sich positiv von anderen Rednern unterscheiden. Sich zu positionieren, bedeutet also auch, sich zu entscheiden. Erfolgreiche Redner reden nicht zu allen möglichen Themen, sie spezialisieren sich. Deshalb haben sie in der Regel auch nur wenige Vortragsthemen in ihrem Portfolio.

Wie soll also Ihre Positionierung aussehen? Konkreter ausgedrückt: Was ist Ihr besonderes Know-how? Wofür stehen Sie? Und was unterscheidet Sie von anderen Speakern? Wahrscheinlich haben Sie bereits eine ungefähre Vorstellung von alldem, und vielleicht können Sie diese Fragen auch schon für sich beantworten. Es lohnt sich aber, sie noch einmal strukturiert anzugehen. Denn Ihre Positionierung ist entscheidend für Ihren Erfolg als Speaker. Aus ihr leiten sich alle weiteren Aktivitäten ab: Ihre Vorträge, Ihre PR-Strategie, Ihre Marketing-Aktivitäten, Ihre Kundenakquise.

Ihr Expertenwissen: Ihr besonderes Know-how

Die Grundvoraussetzung, um den Beruf Keynote Speaker auszuüben, ist Expertenwissen. Ein Speaker ist immer Experte auf einem bestimmten Fachgebiet und verfügt über ein besonderes Know-how. Wissensvermittlung ist ein Teil des Wertes, den er seinem Publikum liefert – schließlich ist er kein reiner Unterhaltungsact.

Was ist ein Experte? Diese Frage klingt vielleicht trivial. Ist sie aber nicht. Auf der einen Seite gibt es viele selbsternannte Experten, die eigentlich nur durchschnittlich sind und nicht wirklich etwas Besonderes draufhaben. Und es gibt mindestens genauso viele echte Experten, die ihr Licht unter den Scheffel stellen und glauben, nicht genug zu wissen oder zu können.

Der Definition nach verfügt ein Experte über überdurchschnittliches Wissen oder über spezielle Fähigkeiten auf einem bestimmten Fachgebiet. Der Begriff ist abgeleitet von dem Lateinischen *expertus,* was so viel wie »kundig« und »erfahren« bedeutet. Fachwissen *und* Erfahrung – das weist darauf hin, dass ein Experte sich sein Wissen nicht nur theoretisch angeeignet hat, sondern es auch praktisch anzuwenden weiß. Ein Experte sind Sie also, wenn Sie eine theoretische Expertise aufgebaut haben und auf dieser Basis eine *faktische* Erfolgsbilanz vorzuweisen haben. Sie brauchen kein »Expertenzertifikat« verliehen bekommen haben. Was zählt, ist Ihr Können.

Sind Sie selbst ein Experte? Verfügen Sie über außerordentliches Wissen auf Ihrem Fachgebiet? Ein paar Beispiele helfen Ihnen vielleicht, die Frage zu beantworten und Ihre Expertise realistisch einzuschätzen.

Unter den Keynote Speakern gibt es zum Beispiel zahlreiche Führungsexperten. Ein paar Jahre Berufserfahrung als Teamleiter reichen dafür noch nicht aus, das ist noch nicht überdurchschnittlich. Ein Experte sollte sich mit den verschiedenen Führungsmethoden auskennen und wissen, in welchem Umfeld sie funktionieren und warum. Dazu kommt die praktische Erfahrung. Wenn Sie jahrelang Menschen in verschiedensten Konstellationen mit außerordentlichem Erfolg geführt und motiviert haben, dann sind Sie *faktisch* Führungsexperte. Dabei müssen Sie nicht unbedingt in einem klassischen Unternehmen gearbeitet haben. Es gibt unter den Keynote Speakern viele

Führungsexperten, die aus der Welt des Sports kommen, es gibt Dirigenten von klassischen Orchestern, Ex-Militärs, Politiker.

Ähnlich sieht es in anderen Fachgebieten aus, zum Beispiel wenn es um Expertenwissen im Vertrieb geht. Wer als Sachbearbeiter im Verkauf gearbeitet hat, ist noch nicht unbedingt Experte. Experte sind Sie, wenn Sie sich mit unterschiedlichen Vertriebstools auskennen und wissen, wie Sie diese in der Praxis gewinnbringend einsetzen. Zum Beispiel, wenn Sie einen Vertrieb von null auf 500 Mitarbeiter aufgebaut haben. Sie kennen dann *faktisch* den Werkzeugkasten von Methoden, Theorien und Strategien und wissen, wie diese Werkzeuge anzuwenden sind. Im Idealfall umfasst Ihr Expertenwissen auch neue Tools, weil sich durch die Digitalisierung das Kaufverhalten der Kunden und die Vertriebstools immer wieder ändern. Eine mögliche Anwendung wäre etwa, dass Sie neue Vertriebskanäle erfolgreich erschlossen und ausgebaut haben – etwa einen Direktvertrieb über einen Webshop, neben dem üblichen Kanal über Zwischenhändler und Händler.

Expertenwissen können Sie sich auch indirekt aneignen. Ein Beispiel: Der Keynote Speaker Frank Eilers stand ursprünglich als Stand-up-Comedian auf den Bühnen der Republik – im Quatsch Comedy Club, Schmidts Theater und bei Nightwash. Seit 2014 betreibt er einen Podcast mit dem Titel »Arbeitsphilosophen – Die Zukunft der Arbeit«. Dafür lädt er sich Experten ein und interviewt sie. Er hat sich dadurch selbst eine Expertise zu den Themen aufgebaut, um die es in seinen Podcasts geht: Digitalisierung, Innovation und die Zukunft der Arbeit.

Ein ganz anderes Beispiel für Expertenwissen ist der professionelle Pokerspieler und Keynote Speaker Jan Heitmann. Er ist Fachmann auf dem Gebiet »Entscheidungen treffen«. Gute Pokerspieler wissen, wie man das Risiko von falschen Entscheidungen minimiert und das nicht nur mithilfe von Wahrscheinlichkeitsrechnungen. Durch ihre jahrelange Praxiserfahrung sind sie vor allem Experten in Psychologie. Die besten von ihnen können Menschen und ihr Verhalten »lesen« – eine Fähigkeit, die in der Wirtschaftswelt extrem nützlich ist, sowohl beim Treffen von Entscheidungen, als auch bei Verhandlungen. Natürlich ist beim Poker auch Glück im Spiel. Aber ihre Expertise hilft den Pokerprofis dabei, den Glücksfaktor auf das absolute Mindestmaß zu reduzieren. Trotzdem erleben sie regelmäßig Niederlagen und lange Durststrecken, und deshalb sind Pokerspieler auch Experten für den Umgang mit Scheitern und dem notwendigen Durchhaltevermögen.

Sie sehen, Expertenwissen kann ganz unterschiedliche Quellen haben und braucht keine formale Bestätigung durch irgendeine Institution oder durch einen anderen Experten. Sie müssen auch nicht zu den drei Top-Experten weltweit gehören. Es gibt viele Menschen, die garantiert Experten auf einem Gebiet sind und sich trotzdem nicht trauen, sich als solche zu bezeichnen, weil es einige Leute mit noch größerem Expertenwissen gibt. Das mag sein, es ist aber nicht entscheidend, wenn Sie sich dazu entschlossen haben, Keynote Speaker zu werden. Sie erinnern sich: Entscheidend ist der Wert, den Sie letztlich Ihrem Publikum liefern können. Und dabei ist es nicht ausschlaggebend, ob es vielleicht jemanden mit mehr Wissen gibt, der jedoch nicht in der Lage ist, seinem Publikum auch entsprechende Impulse zu vermitteln. Sie müssen auch nicht bekannt oder prominent sein. Die meisten Profiredner waren nicht prominent, als sie angefangen haben. Sie verfügten zunächst einmal über Expertenwissen und haben sich ihren Status nach und nach aufgebaut. Sie sind als Speaker gewachsen, haben sich professionalisiert und wurden somit immer bekannter. Dass erfolgreiche Speaker als Experten ins Radio oder Fernsehen eingeladen werden, ist keine Seltenheit. Das mag sich für Sie weit weg anfühlen, doch das können Sie auch.

Über welches Expertenwissen verfügen Sie? Und ist es ein Wissen, das zur Nachfrage von Veranstaltern passt? Gerade für Firmenevents werden natürlich vor allem Business-Themen nachgefragt. Wenn man sich das Spektrum der Wissensgebiete anschaut, das Speaker und die Agenturen, die sie vertreten, anbieten, findet man am häufigsten die folgenden:

❒ Führung und Management

❒ Entscheidungen treffen

❒ Kommunikation und Rhetorik

❒ Zukunft und Trends

❒ Motivation

❒ Charisma, Auftritt und Moderation

❒ Digitalisierung

❒ Innovation

❒ Gesundheit

❒ Werte und Sinn

❒ Querdenken und »Neues«

Die Liste überrascht nicht. Zukunft, Trends, Digitalisierung, Innovation sind die Buzzwords unserer Zeit. Auch Werte, Sinn und Gesundheit sind in den vergangenen Jahren stärker ins Bewusstsein gerückt. Und immer mehr Entscheidungen müssen heute immer schneller und unter immer stärkeren Druck getroffen werden. Andere Meta-Themen wie Motivation, Führung oder Gesundheit sind schon seit Jahrzehnten Dauerbrenner.

Sie sehen sich womöglich als Experte auf einem ganz anderen Gebiet. Das ist überhaupt kein Problem und sagt auch erst einmal nichts über Ihre Marktchancen aus. Aber überlegen Sie, ob es nicht doch etwas mit den nachgefragten Themen zu tun hat. Sie erinnern sich: Firmen sind die wichtigsten Auftraggeber mit den interessantesten Honorarsätzen.

Wenn Sie ein eher »exotisches« Wissen aufgebaut haben, versuchen Sie Verbindungen zu den Problemen der Arbeitswelt zu schaffen, ähnlich wie das beim Pokerspielen gelingen kann!

Ich will Ihnen kurz zeigen, wie das funktioniert. Die Frau im folgenden Beispiel, Irina Schefer, gibt es tatsächlich, sie ist allerdings (noch) keine Profi-Speakerin, sondern Beraterin und Trainerin von Führungskräften.[9] Seit ihrer Kindheit hat sich Irina Schefer durch die Erzählungen ihrer Großmutter für Wölfe begeistert. Sie hat die Verhaltensweisen der Tiere in einem Rudel jahrelang studiert und beobachtet, wie sich dort Führungsstrukturen herausbilden. Sie hat es sogar geschafft, zu einem vollwertigen Mitglied eines echten Wolfsrudels zu werden. Dieses Exotenwissen erweiterte Schefer durch mehrere Zusatzqualifikationen zum Thema Führung – allerdings bei Menschen – und machte einen Beruf daraus. Heute ist sie hauptberuflich als Coach und Trainerin von Führungskräften tätig. Ihr besonderer Ansatz lässt sie aus der Masse von Trainern hervorstechen. Die Parallelen zwischen dem Alphatiergehabe von Tieren und Führungskräften, die Vorstellung von der Abteilung als Rudel können andere Führungsexperten garantiert nicht so kompetent und authentisch vermitteln. Man kann sich vorstellen, dass ein Vortrag zu diesem Thema auch höchst unterhaltsam wäre. Irina Schefer bringt also die besten Voraussetzungen mit, um auch als Keynote Speakerin zu reüssieren. Das verdankt sie ihrer einzigartigen Lebensgeschichte. Womit wir beim nächsten wichtigen Punkt neben der reinen Expertise sind: die persönliche Story.

Ihre Story: Was macht Sie als Keynote Speaker aus?

Die eigene Story gehört genauso zum »Produkt« Keynote Speaker wie das Expertenwissen. Sie ist das, was einen Speaker ausmacht, das gewisse Extra. Ein ungewöhnlicher Blickwinkel oder eine spannende Lebensgeschichte kann für einen Wow-Effekt beim Publikum sorgen.

Es gibt kaum einen Keynote Speaker, der in seinem Vortrag nicht über seine persönliche Story spricht. Das ist kein Zufall.

Warum ist die eigene Story so wichtig? Ein Vortrag kann mit exzellentem Fachwissen angereichert und dennoch langweilig sein. Wann ist er wirklich mitreißend? Wenn der Speaker aus erster Hand von Erlebnissen berichtet, die er selbst erlebt hat. Ein solcher Vortrag ist authentisch und glaubwürdig. Wollen wir wirklich hören, wie jemand erzählt, was *andere* Besonderes erlebt oder erforscht haben? Eher nicht. Wir wollen viel lieber die Story vom Protagonisten selbst hören.

Was ich damit ausdrücken will: Als Vortragsredner werden Sie dann interessant, wenn Sie nicht nur über einen Expertenstatus verfügen, sondern auch Ihre eigene, interessante Geschichte erzählen können. Storytelling ist ein rhetorisches Mittel, das alle erfolgreichen Redner einsetzen. Und als Keynote Speaker ist der Vortrag auf der Bühne *Ihre* Story. Sie als Person stehen authentisch für Ihren Vortrag. Ein Vortrag wie »Einstein – von Genies lernen« mag informativ sein, ist jedoch kein Thema für einen Keynote Speaker, sondern eher ein Referat über Einstein und was man von ihm lernen kann. Sicher hochinteressant, aber eben kein Vortragsthema für einen Speaker. Haben Sie selbst einen IQ von 180, sieht die Sache wieder anders aus, denn dann haben Sie selbst eine Geschichte zu erzählen: Wie ist es, mit einem solchen IQ zu leben? Hält man Sie deswegen für ein Genie? Gibt es einen hohen Erwartungsdruck? Wie geht man damit um? Oder so ähnlich. Wichtig ist: Als Profi-Speaker müssen Sie *eigenes* Wissen aufgebaut haben, um es weiterzugeben. Das Publikum möchte mitbekommen, was *Sie* Spannendes machen und erlebt haben, und wie sie davon profitieren können.

Deshalb tummeln sich auch so viele ehemals erfolgreiche Sportler im Speaker Business. Sie alle haben eine einzigartige Story zu erzählen. Ob Führung, Motivation, Teamgeist oder der Umgang mit Stress oder Niederlagen – Sportler haben etwas zu erzählen, sie können von intensiven Erlebnissen berichten, die das Publikum zum Teil sogar noch vom Bildschirm kennt und die es emotional nachempfinden kann. Die Story von Oliver Kahn ist eine ganz besondere; er war Champions-League-Sieger und dreifacher Welttorhüter. Fußballfans können sich erinnern, wie er sein Team nach vorne gepusht hat (»Weiter, immer weiter«). Der Bergsteiger Reinhold Messner ist Extremsportler. Sein Expertenwissen zu Themen wie Risikomanagement und das Überwinden von persönlichen Grenzen hat er sich nicht angelesen und auch nicht wie andere Experten angeeignet. Nein, er ist der erste Mensch, der den höchsten Berg der Welt, den Mount Everest, ohne Sauerstoffgerät und danach noch alleine bezwungen hat. Das macht ihm niemand nach, seine Story ist wahrhaft einzigartig.

Der Dirigent hat eine eigene Story genauso wie ein Ex-General der Bundeswehr oder ein Bundespolitiker. Die Story des bereits erwähnten Podcasters Frank Eilers ist sein ungewöhnlicher Weg. Er fing an, BWL zu studieren, um etwas »Solides« zu lernen – und wurde Comedian. Dann schlüpfte er quasi durch die Hintertür wieder in die Business-Welt, indem er den Podcast »Arbeitsphilosophen« startete, interessante Experten einlud und heute selbst als Experte für Digitalisierung und New Work auf der Bühne steht. Diese Geschichte erzählt er gerne zu Beginn seines Vortrages und hat damit die Lacher und das Publikum auf seiner Seite.[10]

Der Pokerspieler Jan Heitmann überträgt sein Know-how in Sachen »Entscheidungen treffen« von der Pokerwelt auf das Business. Anstatt davon zu erzählen, wie Entscheidungen in einem Konferenzraum mit Neonbeleuchtung fallen, kann er aus der schillernden Welt der Profizocker erzählen. Heitmann ist Pokerprofi seit 2003; er bekam live mit, wie der Texas-Hold'em-Boom erst in den USA und später in Deutschland Einzug hielt und die Massen begeisterte. Er trainierte die teilnehmenden Promis bei der *TV-Total*-Pokernacht und ist Sport-1-Kommentator.[11] Auch das ist eine einzigartige Story. Er kann authentisch erzählen, was neben Wahrscheinlichkeitsrechnung seine Entscheidungen beim Spiel beeinflusst. Ganz ähnlich wie ein Profiler »liest« er seine Kontrahenten und kann so deren Verhalten ein Stück weit vorhersagen. Eine seiner Methoden verrät er seinem Publikum: Wenn er sich an den Pokertisch setzt, schaut er sich immer genau an, welche Uhren seine Gegner tragen. Er hat die Erfahrung gemacht, dass Spieler mit protzigen Uhren auch beim Spiel eher extrovertiert agieren und ihre wahren Emotionen zeigen. Wer eine dezente oder gar keine Uhr trägt, verrät weniger über sich. Für Heitmann wichtige Puzzleteile, um eine Entscheidung zu treffen – und eine interessante Story nicht nur für Hobby-Pokerspieler.

Eine besondere Story hat man auch, wenn man in einem besonderen Unternehmen gearbeitet hat. Wer etwa als Mitarbeiter Nummer 10 bei Amazon, Zappos oder Zalando den Vertrieb gemacht hat, hat eine besondere Geschichte zu erzählen: »Ich war bei einem Pionier des Online-Handels«. Das ist eine spannende Geschichte, die nicht nur Expertenwissen vermittelt, sondern auch Einblicke hinter die Kulissen von extrem erfolgreichen Unternehmen. Wie war das damals mit Jeff Bezos, Tony Hsieh oder den Samwer-Brüdern? Das interessiert die Menschen. Haben Sie für ein erfolgreiches Startup gearbeitet oder sogar eins gegründet? Hey, das könnte die nächste große Story sein. Vielleicht nicht so groß wie Zalando, aber vielleicht so wie die von mymuesli, ein Produzent und Online-Handel für nach Kundenwünschen zusammengestellte Müslis. Zum Start im Jahr 2007 wurde das Startup nicht wirklich ernst genommen, heute hat die Firma mehr als 700 Mitarbeiter und macht über 50 Millionen Euro Umsatz.[12] Einer der Gründer, Max Wittrock, nutzt heute sein Expertenwissen, das er mit seinem Startup aufgebaut hat, für seine Keynote-Vorträge. Die Geschichte, die er erzählen kann, ist seine eigene.

Ein Expertenthema ohne eigene Story ist langweilig – das Wissen wird nicht erlebbar. Eine Story ohne Expertenwissen ist unterhaltsam, aber nicht ausreichend für eine Keynote. Für einen Speaker kommt es daher auf die Verbindung von Expertenthema und Story an. Wie das im Idealfall aussehen kann, zeigt das eindrucksvolle Beispiel der Hirnforscherin Jill Bolte Taylor. Ihre Rede gehört zu den beliebtesten Beiträgen der berühmten TED-Talks. Sie ist ausgewiesene Expertin auf dem Gebiet der Neurowissenschaften, doch sie hat dazu noch eine eigene Geschichte, die ihren Vortrag besonders spannend macht. Im Alter von 37 Jahren hatte sie selbst einen Schlaganfall erlitten. Anstatt in Panik zu geraten, sagte sie sich: »Wie cool, ich habe einen Schlaganfall« – und erzählt in ihrem Vortrag aus erster Hand, was da in ihrem Kopf passiert ist. Wenn Sie ihren Namen googeln, finden Sie sofort die berühmte TED-Rede.

All diese Beispiele machen deutlich: Der Unterhaltungswert eines Speakers besteht nicht darin, einfach »nur« Experte zu sein, das ist keine gute Unterhaltung. Gute Unterhaltung ist, wenn man selbst so viel erlebt hat und ein für die Zuhörer spannendes Leben führt, dass man daraus eine eigene Story macht.

Vielleicht denken Sie jetzt: Ja, ich bin Experte, aber was habe ich schon Besonderes erlebt? Ich bin kein Extremsportler oder Fußballweltmeister. Fällt es Ihnen schwer, eine eigene Story zu kreieren? Das ist nicht ungewöhnlich. Viele haben damit Probleme. Gerade Berater, Trainer und Coaches tun sich schwer damit, wenn sie den Schritt zum Keynote Speaker wagen. Zwar haben viele von ihnen eine Expertise in Fachgebieten wie Rhetorik, Motivation, Führung oder effizientes Arbeiten entwickelt, doch es ist neu für sie, dass sie als Redner unbedingt eine eigene Story brauchen. Als Speaker sind sie eben auch Entertainer. Ein Unterschied, an dem viele exzellente Trainer scheitern, wenn sie auf die Bühne wollen. Sie müssen erst lernen, ihre Story zu entwickeln. Aber jeder, wirklich jeder Mensch hat eine eigene Story. Sie muss gar nicht so viel Drama oder Glamour in sich tragen wie bei der Neurologin Jill Bolte Taylor oder beim Pokerprofi Jan Heitmann. Es geht auch eine Nummer normaler.

Das zeigt zum Beispiel die Keynote Speakerin Mahsa Amoudadashi. Sie machte eine Ausbildung zur Hotelkauffrau im Tagungshotel »Schindlerhof« in Nürnberg. Nach ihrer Lehre blieb sie dem Hotel treu und wurde dort zur »Herzlichkeitsbeauftragten«. Zu ihren Aufgaben zählte, bei Mitarbeitern, Gästen und Kunden Begeisterung zu entfachen – und das funktionierte. Als Speakerin ist sie Expertin für

Empathie, auf der Bühne spricht sie über die Arbeitswelt aus der Sicht von ganz normalen Mitarbeitern und zeigt, wie Begeisterung bei Mitarbeitern und Kunden entsteht, deren Leistung und Kundenbindung fördert – und wie Unternehmen das nutzen können.[13] Wenn Sie sich Mahsas Werdegang anschauen, erscheint er zunächst nicht spektakulär. Eine Ausbildung zur Hotelfachfrau ist nichts Außergewöhnliches, auch Empathie war vorher bereits ein Thema von Vortragsrednern. Aber sie machte daraus eine Story, die es so noch nicht gab. Zudem hat sie als junge Frau auf dem immer noch sehr männerdominierten Rednermarkt fast schon ein Alleinstellungsmerkmal.

Auch meine eigene Story ist nicht die eines Pokerstars oder Weltfußballers. Aber meine Geschichte ist meine eigene und damit auch in gewisser Weise einzigartig. Wegen ihr wurde ich als zuvor Unbekannter zu meinem ersten bezahlten Vortrag eingeladen. Sie handelt davon, wie ich im Konzern Karriere machte und mit Ende 20 zwar 30 Millionen Euro Umsatzverantwortung hatte, doch den Sinn nicht mehr sah. Ich erlebte damals »dumme Arbeit«: zu viele Meetings, zu viele interne Grabenkämpfe und zu viele sinnlose Tätigkeiten. Aus dieser Erfahrung heraus gründete ich 2011 mein erstes Startup neben dem Vollzeitjob, also als »4-Stunden-Startup«, so betitelte ich auch später eins meiner Bücher. . Ich wollte damals neue Wege gehen, doch gleichzeitig nicht von einem Hamsterrad ins nächste springen, sondern mir die Möglichkeit lassen, weitere spannende Projekte nebenbei zu verfolgen. Mein Leben war zu lange eindimensional und erfolgreich nach den Maßstäben anderer gewesen, die nicht mehr meine eigenen waren. Also baute ich mein Unternehmen weiter auf, schrieb mein erstes Buch, machte eine erfolgreiche Crowdfunding-Kampagne und gründete 2015 Deutschlands ersten Verlag für Influencer. Wichtig dabei war das Timing: Crowdfunding war damals für mich – und die Medien – spannend, weil es ganz neu war. Genauso das Thema »nebenbei gründen«, denn 2011 sprach noch kein Mensch über *Die Höhle der Löwen* und die deutsche Gründerszene. Auch den Influencer-Verlag gründeten wir zu einer Zeit, als die meisten Menschen über 15 nur mit dem Kopf schütteln konnten über diese »YouTube-Stars«. Wir sahen darin die Chance zu einem innovativen, digitalen Geschäftsmodell. 2015 verkaufte ich mein erstes Startup an den ADAC, 2016 den Influencer-Verlag an die Ullstein Buchverlage. Vom vorsichtigen Zögerer war ich zum Gestalter meines Lebens geworden. Mein persönliches Motto wurde »Einfach mal machen«. Es ist kein Zufall, dass dies der Titel einer meiner populärsten Vorträge wurde.

Meine Expertise konnte ich dabei in ganz verschiedenen Bereichen aufbauen. Als Wirtschaftsingenieur hatte ich zuerst die Konzernwelt kennengelernt und später die der Startups. Ich hatte Erfahrung im B2B-Vertrieb von Industrieprodukten gesammelt, die individuell auf den jeweiligen Kunden zugeschnitten werden und mehrere Millionen pro Stück kosten. Ich hatte zwei innovative Unternehmen aufgebaut, gehörte zur Generation Y und war durch den Influencer Verlag extrem nah an der Generation Z. In den Themen »Digitale Generation«, »Innovation«,»Startup-Spirit« und »New Work« bin ich heute zuhause. Und ich möchte auch nicht stehen bleiben. Nachdem wir den Verlag nach nur zehn Monaten verkaufen konnten, sind wir an Bord geblieben, um unser Baby in den nächsten Jahren als Intrapreneure in der großen Organisation weiter aufzubauen. So konnte ich auch hier viele neue und wertvolle Erfahrungen sammeln und mein nächstes Buch über genau dieses Thema schreiben: *Das Ende der dummen Arbeit* handelt von Unternehmern im Unternehmen, Digitalisierung und wie wir den »Einfach mal machen«-Spirit von Startups wieder in große Unternehmen bekommen können. Daraus entstand meine Kolumne beim *Business Punk* und der Corporate Entrepreneure Podcast. Sehen Sie den roten Faden, der meine Expertise und persönliche Story miteinander verbindet?

Es gibt viele erfolgreiche Keynote Speaker, die ihre Story aus Alltagsgeschichten entwickeln. Sie sprechen über sich selbst, ihre privaten Erfahrungen und die Lehren, die sie daraus gezogen haben. Sie berichten von einschneidenden Erlebnissen, die ihre Sicht auf das Leben oder ihre Einstellung zum Job verändert haben. Manchmal geht es um eine Krankheit oder um einen Schicksalsschlag wie bei Jill Bolte Taylor. Auch Boris Grundl, einer der bekanntesten Keynote Speaker in Deutschland, verknüpft seine Story – als ehemaliger Leistungssportler hatte er einen schweren Unfall und ist seit vielen Jahren querschnittsgelähmt – gekonnt mit seinem Expertenwissen. Einer seiner Vorträge lautet genauso wie das dazu erschienene Buch: *Steh auf! Bekenntnisse eines Optimisten* Auch Samuel Koch, der sich bei einem Auftritt bei *Wetten, dass...?* schwer verletzte, tritt mittlerweile als Redner zum Thema »Resilienz« auf; sein Buch heißt *StehaufMensch!* Saliya Kahawatte erblindete, als er 15 Jahre alt war; seine Vorträge drehen sich um Haltung und Motivation, seine Autobiografie trägt den Titel *Mein Blind Date mit dem Leben* und wurde sogar verfilmt. Oder es geht, weniger dramatisch, um ein Erlebnis im Beruf, das alles verändert hat, ein Epic Fail, der einen Lernprozess in Gang gesetzt hat. Dieser persönliche Ansatz erfordert Mut: Man gibt etwas von sich preis und zeigt womöglich Verletzungen, die man einmal erlitten hat. Das muss man sich erst einmal trauen. Es ist nicht jedermanns Sache, aber eben auch eine Möglichkeit, aus der Masse herauszustechen.

Wenn Sie als Keynote Speaker auftreten möchten, denken Sie darüber nach, was *Ihre* Story ist. Was ist an ihr für andere interessant? Welcher Aspekt ist besonders? Hatten Sie ein besonderes Erlebnis, das Ihr Expertenwissen einzigartig macht? Haben Sie eine besondere Perspektive, die kein anderer hat? Ihre Story ist Ihr Alleinstellungsmerkmal; sie hebt Sie von anderen Speakern auf dem Markt ab. Zusammen mit Ihrem Expertenwissen ist sie der Kern Ihrer Positionierung.

Ihre Haltung: Warum es gut ist, Kante zu zeigen

Wenn Sie den Kern Ihrer Positionierung erarbeitet haben, können Sie diese noch weiter schärfen. Sie heben sich nicht nur durch Ihre Story von anderen Speakern ab, die über ähnliches Expertenwissen verfügen und zu ähnlichen Themen reden, sondern zum Beispiel auch durch die Haltung, die Sie vertreten, durch die Meinung, die Sie propagieren und durch die Message, die Sie verbreiten.

Zu fast jedem Wissensgebiet gibt es unterschiedliche Herangehensweisen, zu jedem Thema unterschiedliche Haltungen. Nehmen wir das Thema Führung: Die einen sind Verfechter einer straffen Führung und klarer Ansagen an Mitarbeiter, die anderen reden über die Vorteile von sich selbst organisierenden Teams, die gar keine Führung brauchen. Und dazwischen gibt es noch zig weitere Positionen. Beim Thema »Entscheidungen treffen« setzen die einen auf Risikominimierung, die nächsten auf Psychologie und die dritten auf das berühmte Bauchgefühl.

Bei meinem eigenen Thema ist es ähnlich. Es hat mit Digitalisierung zu tun – und damit bin ich in der Speaker-Branche nun wirklich nicht alleine. Manchmal fragen die Auftraggeber daher genauer nach, worüber ich rede und wofür ich stehe. Vielleicht hatten sie erst vor kurzem einen Vortragenden zum Thema Digitalisierung bei sich, oder sie möchten vermeiden, dass sich zwei Speaker mit ihren Vorträgen am selben Tag zu sehr ähneln. Ich sage dann: Über Digitalisierung zu reden ist ein bisschen wie der Auftrag über das Leben zu reden. Der eine fängt an zu philosophieren und zitiert Kant und Nietzsche, und der nächste gibt Diättipps für ein gesundes Leben – und beide haben ihre Berechtigung. Genauso ist es bei der Digitalisierung. Es ist einfach ein unglaublich großes und vielfältiges Thema. Es gibt Redner, die ein halbes Jahr im Silicon Valley waren, dann zurückkommen und über große Schreckensszenarien philosophieren. Andere erzählen, welche konkreten Software Tools man gerade benutzen sollte – das sind dann die »Diättipps«. Was mich, mein Auftreten und meine Biografie auszeichnet, ist »Startup-Spirit für normale Menschen«. Machergeist. Die Dinge anpacken, anstatt endlos zu lamentieren. Aus dieser Perspektive beleuchte ich auch das Thema Digitalisierung. Meine These lautet: Digitalisierung ist nichts, das plötzlich passiert und dann da ist. Die Menschen können sie gestalten. Nicht nur Techies oder Unternehmer, auch normale Mitarbeiter. Man muss alle mitnehmen und an dieser Gestaltung teilhaben lassen. Das meine ich mit »Startup-Spirit«. Und genau das ist meine Positionierung. Sie ist anders als die der Digitalisierungsskeptiker, anders als die der Technik-Freaks, anders als die der Speaker mit der reinen Unternehmerperspektive und anders als die von Philosophen, die zum selben Thema reden.

Das Gleiche gilt für Sie: Auch wenn Sie ein großes Thema haben, können Sie durch Ihre Haltung Ihre Nische finden. Nicht jeder wird Ihre Haltung teilen, aber darum geht es auch nicht. Wenn Sie bei Ihren Vorträgen eine klare Position vertreten, dann bringen Sie Ihre Zuhörer eher zum Nachdenken und geben eher einen Impuls, als wenn Sie eine ausgewogene Meinung mit allen möglichen Pros und Cons präsentieren. Was im Zusammenhang mit der Positionierung für Sie außerdem wichtig ist: Die Menschen erinnern sich an Sie. Auch meine Haltung beim Digitalisierungsthema wird manchmal kontrovers aufgenommen. Zwar teilen viele Leute meine Meinung, dass Mitarbeiter wertvolle Ideen haben und zu Innovation und Digitalisierung beitragen können und auch sollen. Aber andere sehen das auch völlig anders und trauen ihren Mitarbeitern in Wahrheit nichts zu. Sie haben heute immer noch die Haltung »oben wird gedacht, unten gemacht«.

Ihre Inszenierung: Was sind Sie für ein Typ?

Auch die Art Ihrer Inszenierung unterscheidet Sie von anderen Rednern und bestimmt Ihre Positionierung mit. Was sind Sie für ein Typ? Wie geben Sie sich auf der Bühne? Wie verleihen Sie Ihrem Expertenwissen Ausdruck, und wie erzählen Sie Ihre Story? Wie vertreten Sie Ihre Meinung zu einem Thema?

Stellen Sie sich einmal einen Verkaufsexperten vor, der 1500 Vertriebler motivieren soll, die Schlagzahl zu erhöhen und mehr Umsätze zu generieren: Höchstwahrscheinlich wird er sich nicht als in sich gekehrter Denker positionieren, sondern als eine Art Rampensau mit starken Gesten nach außen. Der typische Verkaufsexperte steht für das »höher, schneller, weiter«, und das lebt er auch auf der Bühne. Sie können solche Erwartungen aber auch bewusst brechen. Ein Speaker zum Thema Motivation muss nicht unbedingt mit Lautsprecherei und »Tschaka« motivieren. Es geht auch subtil und einfühlsam. Der »sanfte Motivator« ist anders positioniert als jemand, der »das Publikum zu immer neuen Höchstleistungen pusht«. Der Inszenierung sind theoretisch kaum Grenzen gesetzt. Es gibt Speaker, die als Provokateur auftreten, um beim Publikum Reaktionen zu erzielen. Es gibt Redner, die wie ein Comedian oder Clown die Zuschauer zum Lachen bringen. Andere inszenieren sich bewusst als »Freak« und heben sich so von anderen ab. Und natürlich gibt es die Elder Statesmen, die auf der Bühne souverän und verbindlich rüberkommen.

Eine Inszenierung kann sogar so weit gehen, dass sie zum Marketing-Slogan wird, der die Positionierung maßgeblich bestimmt. Einige Beispiele gefällig? »Der Rockstar unter den Führungsexperten«, »Deutschlands Verkaufsexperte Nummer 1«, »Deutschlands einziger Management-Guru, der diesen Titel wirklich verdient« (Die *Financial Times* über Reinhard K. Sprenger[14]), »Der Business-Jesus«. Zugegeben, nicht alle Beispiele gibt es wirklich, aber es gibt Keynote Speaker, die mit ganz ähnlichen Claims nach draußen gehen.

Wenn eben einige Bilder durch Ihren Kopf gegangen sind, dann haben Sie bemerkt: Auch Ihr Outfit gehört zu Ihrer Selbstinszenierung. Der »Rockstar« wird kaum im Anzug auf die Bühne gehen – im Gegensatz zum »Power-Seller«. Der »Business-Jesus« braucht mindestens lange Haare. Auch wenn es weniger extrem zugeht, ist das Outfit wichtig, es muss zu Ihnen und Ihrer Positionierung passen. Ich erinnere mich noch, wie es bei mir Klick gemacht hat. Bei meinen allerersten Auftritten habe ich ganz normale Business-Anzüge mit Hemd und Krawatte getragen, wie ich sie auch bei meinem Konzernjob als Sales Manager jeden Tag getragen habe. Nach einem Vortrag sprach mich eine Frau aus dem Publikum an und meinte: »Wow, das war ja ein wahnsinnig inspirierender Vortrag – mutig, inspirierend und dynamisch, eine tolle Story. Aber Sie sehen gar nicht so aus. Mit Krawatte habe ich Sie mir nicht vorgestellt. Ich finde, die passt gar nicht zu Ihnen.« Darüber hatte ich mir vorher noch keine Gedanken gemacht. Ich dachte, als Keynote Speaker vor einem Business-Publikum trägt man eben einen Business-Anzug und eine Krawatte (was vor einigen Jahren auch noch üblich war). Aber das Feedback hat etwas bei mir in Gang gesetzt: Ich habe danach nur noch ganze zweimal eine Krawatte getragen und dann eingesehen: Eigentlich hat sie recht. Als Speaker stehe ich für frische, smarte Ideen, für Startup-Spirit und Agilität – Attribute, die zu einem stinknormalen Business-Anzug nicht wirklich passen. Also habe ich meine Garderobe so gewechselt, dass sie gleichzeitig Seriosität und Frische transportiert und zu mir als Person und Speaker passt. Ich bin kein »Business Jesus« und könnte das nie glaubwürdig vertreten. Aber meine Positionierung ist eben auch nicht die eines Redners, der einen 08/15-Dreiteiler trägt.

Wenn Sie Überlegungen zu Ihrer Inszenierung als Speaker anstellen, dann sehen Sie zu, dass Sie diese auch authentisch rüberbringen können. Das geht nur, wenn sie zu Ihrer Persönlichkeit passt. Es gibt einige psychologische Modelle, die die Persönlichkeit von Menschen in Kategorien zu fassen versuchen. Das einfachste und wahrscheinlich bekannteste ist das Big-Five-Modell[15]. Es beschreibt die fünf Hauptdimensionen einer Persönlichkeit und arbeitet mit Gegensätzen, zum Beispiel Introversion vs. Extraversion. Sind Sie eher introvertiert, dann passt »der Powerseller« nicht so gut zu Ihnen. Ein anderes Gegensatzpaar stellt die Frage: Ist man offen für neue Erfahrungen oder eher konservativ? Wer über Innovationsgeist redet, stellt als Speaker eher die Offenheit dar. Eine konservative Performance würde diesem Bild widersprechen. Ein weiteres Beispiel: Legt man Wert auf Harmonie, oder ist man lieber im Wettstreit mit anderen? Wer Harmonie bevorzugt, wird die Rolle des »Provokateurs« nicht glaubwürdig darstellen können.

Überhaupt: Authentizität ist wichtig, nicht nur damit Sie glaubwürdig Ihren Kunden und dem Publikum gegenüber sind, sondern auch für sich selbst. Nur wenn Sie authentisch bleiben, sind Sie langfristig erfolgreich. Mit authentisch meine ich nicht, dass Sie sich so präsentieren sollten wie zuhause mit der Jogginghose auf der Couch beim Netflix-Schauen. Jeder Mensch und erst recht jeder Keynote Speaker inszeniert sich auf gewisse Art und Weise. Das ist auch okay und macht das Leben interessanter. Wichtig ist nur, dass der Kern Ihrer Inszenierung zu Ihrer Persönlichkeit passt. Sie muss nicht zwangsläufig extrem sein und auch nicht auf Biegen und Brechen eine Leerstelle besetzen, die es auf dem Markt noch nicht gibt. Sie muss auch nicht unbedingt einen aktuellen Trend bedienen.

Stellen Sie also alle Überlegungen zu der Frage, was auf dem Speaker-Markt gerade besonders erfolgreich sein könnte, erst einmal hinten an. Denn was wäre, wenn Sie sich anders positionieren, als Sie in Wirklichkeit sind, und Sie werden dann ständig gebucht? Ich wette, nach nicht allzu langer Zeit stellt man sich dann die Sinnfrage – selbst wenn man die Rolle gut spielt und das Portemonnaie dicker wird. Wäre der Beruf Keynote Speaker dann noch ein Traumberuf oder nur noch ein Job, um seinen Lebensunterhalt zu verdienen? Es bringt nichts, wenn Sie sich verstellen und am Ende in etwas reinrutschen, bei dem Sie sich nicht wohlfühlen.

Also empfehle ich Ihnen, sich zunächst einmal besser nicht zu sehr daran zu orientieren, was andere anbieten oder wo es gerade vermeintliche Marktlücken gibt. Denn für Sie geht es schließlich darum, mit Ihrem Thema und Ihrer Botschaft nach draußen zu gehen. Sie müssen nichts an sich ändern, nur weil eine Marktanalyse ergeben hat, dass es bereits viele Speaker gibt, die auf ihrem Feld spielen. Ich selbst habe auch keine Marktanalyse gemacht. Selbst wenn es bereits 500 Experten in Ihrem Wissensgebiet gibt, dann versuchen Sie nicht auf Teufel komm raus, eine Extremposition einzunehmen. Machen Sie Ihr Ding, gehen Sie mit Ihrem Expertenwissen und Ihrer Story auf den Markt. Positionieren Sie sich so klar wie möglich, und verbiegen Sie sich nicht dafür.

Sie können nicht alle glücklich machen

Eine klare Positionierung bedeutet auch, dass Sie nicht für jede Veranstaltung als Speaker in Frage kommen. Es gibt Kunden, die mir sagen: »Ich finde Sie als Speaker interessant. Ihre Story ist spannend und Ihre Performance exzellent, aber können Sie nicht auch etwas über Vertrieb erzählen?« Nein, kann ich nicht, zumindest nicht im klassischen Sinne. Ich kann zwar eine Vertriebsmannschaft zu mehr Unternehmertum und Eigeninitiative inspirieren, das ist aber kein typischer Vertriebsvortrag. Und das sage ich dann auch in solchen Fällen ganz deutlich. Meine Expertise ist nun mal nicht die eines »typischen« Vertriebsmannes.

In anderen Fällen passt das Expertenwissen haargenau, aber die Veranstalter wollen eine andere Story hören und entscheiden sich zum Beispiel beim Thema »Mut« für einen Extremsportler. Auch die Haltung eines Redners oder die Art seiner Inszenierung kann darüber entscheiden, ob er gebucht wird. Manchmal sind die Veranstalter von der Bühnenperformance eines Speakers beeindruckt und sagen: »Super, Sie passen perfekt zu uns.« Aber ich habe auch schon erlebt, dass der Verantwortliche einer Bank gesagt hat, ich würde nicht konservativ genug rüberkommen. Und einer Versicherung war ich einmal nicht witzig genug. Da kann man am Ende nichts machen. Sie können es nicht allen recht machen. Was dem einen nicht konservativ genug ist, ist dem anderen schon zu normal oder langweilig. Sie können nie die Interessen aller Veranstalter bedienen. Das sollten Sie auch gar nicht anstreben.

Als Keynote Speaker sind Sie außerdem immer in einer Konkurrenzsituation. Zu jedem nachgefragten Thema gibt es mehrere Redner. Der Pokerspieler ist Experte zum Thema »Entscheidungen treffen unter Unsicherheit«, genauso wie es ein Pilot, ein Ex-Fußball-Schiedsrichter oder ein Unternehmer ist. Manchmal hat der Veranstalter bereits eine bestimmte Vorstellung, mal ist es die Frage, wer gerade Zeit hat, zu einem bestimmten Thema zu reden, und bisweilen entscheidet auch das Budget für die Speaker-Honorare darüber, wer zum Zuge kommt. Wenn Sie noch neu in der Branche sind, ist das Ihr Vorteil: Ihr Honorar ist nicht so hoch wie das von etablierten Rednern. Ist Ihre Positionierung für Kunden eindeutig, und können Sie Ihr Expertenwissen und Ihre Story den Veranstaltern glaubwürdig vermitteln, dann sind Ihre Chancen sogar gut. Junge Redner mit einem frischen, modernen Mindset werden sogar ausdrücklich gesucht! Wenn Sie den Positionierungsjob gut machen und Ihre Besonderheiten gut rüberbringen, dann haben Sie auf jeden Fall Wettbewerbsvorteile gegenüber den meisten anderen Speakern in Ihrer Honorarklasse.

Sie sehen, Ihre Positionierung ist zentral für Ihren Werdegang. Sie entscheidet darüber, ob, von wem und wie häufig Sie als Redner angefragt werden. Ihre Positionierung bestimmt auch Ihre öffentliche Präsenz als Keynote Speaker. Sie ist aber auch der Kern dessen, was Sie auf der Bühne erzählen. Wie Sie Ihr Expertenwissen und Ihre Story zu einem spannenden Vortrag ausarbeiten, einüben und sich selbst fit für die Bühne machen, lesen Sie im nächsten Kapitel.

4. Was einen guten Vortrag ausmacht

Im vorherigen Kapitel haben Sie gesehen, wie Sie sich auf dem Rednermarkt eindeutig positionieren und welche Rolle Expertenwissen, Story, Haltung und Selbstinszenierung dabei spielen. Das ist ein wichtiger Schritt, denn Ihre Positionierung ist auch die Basis für Ihren Vortrag. In diesem Kapitel geht es um die konkreten Vortragsthemen und -titel, um die Frage, wie Sie Ihre Reden schreiben, strukturieren und einstudieren, und wie Sie Ihr Publikum mit einer starken Performance überzeugen.

Ihre Vortragsthemen

Beim Thema Positionierung kam bereits zur Sprache, dass Keynote Speaker nicht zu allen möglichen Themen reden, sondern als Experten für ein bestimmtes Themenfeld stehen. Jeder Speaker bietet nur eine begrenzte Zahl von Vorträgen an – meist sind es drei bis vier. Damit geht er dann »auf Tour«.

Aus der Verknüpfung von Expertenwissen, persönlicher Story und Haltung entstehen die Vortragsthemen. Daher gibt es zwischen ihnen meist Verbindungen und Anknüpfungspunkte. Das Themenfeld des bereits angesprochenen Podcasters Frank Eilers umfasst zum Beispiel Digitalisierung, Innovation, Künstliche Intelligenz und New Work – das sind zwar eigenständige Themen, die aber miteinander zusammenhängen. Die Vorträge tragen Titel wie »Die Zukunft wird lustig – die Digitalisierung und ihre Folgen« oder »Mr. Robot – mein neuer Kollege im Büro«. Eilers' Vergangenheit als Comedian ist der Türöffner für einen unterhaltsamen Vortrag in einem mit Unsicherheit und manchmal auch Angst besetzten Feld, seine Haltung ist grundsätzlich positiv. Die Vortragsthemen des Pokerspielers Jan Heitmann verknüpfen einfach und konsequent Expertise und Story: »Besser entscheiden. Was können Entscheider von professionellen Pokerspielern lernen?« und »Scheitern und Erfolg. Wie geht ein Profispieler mit ständigen Misserfolgen um?«[16]. Scheitern als Folge einer falschen Entscheidung – auch diese Themen hängen zusammen.

Ich selbst biete derzeit vier verschiedene Themen an, die untereinander Anknüpfungspunkte haben. Sie heißen »Einfach mal machen«, »Erfolgsfaktor Digitale Generation«, »Führung mit Startup-Spirit« und »Digitalisierung ohne Bullshit-Bingo«. Dafür stehe ich als Experte und mit meiner persönlichen Story. Ich habe selbst »einfach mal gemacht« und Startups gegründet. Ich bin ein Vertreter der digitalen Generation und stehe durch den Influencer-Verlag in engem Kontakt mit den noch Jüngeren und noch Digitaleren. Startup-Spirit begleitet mich, seit ich im Konzern gekündigt habe, er ist meine Message.

Für ein einzelnes Event schreibt kein Redner einen neuen Vortrag. Es wäre nicht nur Wahnsinn, weil es enorm viel Zeit braucht, um eine Rede zu entwickeln und einzuüben. Doch der Hauptgrund ist: Die Veranstalter kommen auf einen Speaker zu, gerade weil er und seine Themen zur geplanten Veranstaltung passen. Natürlich richte ich einige Details wie die Publikumsansprache auf den Anlass und die Art der Veranstaltung aus. Ich überlege auch vor jedem Auftritt, wie der Kenntnisstand des Publikums ist. Es ist ein Unterschied, wenn ich auf einer Veranstaltung der IHK vor Meisterschülern und ihren Ausbildern spreche oder vor den Topführungskräften eines Technologiekonzerns. Meine Sprache dagegen verändere ich nicht, egal ob das Publikum jung oder eher älter ist. Ich bin Felix Plötz und rede eben so.

Es kommt häufig vor, dass Kunden sich bei ihrer Anfrage nicht so richtig für einen der Vorträge entscheiden können. Manche hätten am liebsten eine Kombination aus mehreren. Eine solche Anfrage kann dann so aussehen: »Ich bin über Ihr Buch auf Sie und Ihre Website gekommen. Da habe ich den Vortrag ›Einfach mal machen‹ zum Thema Unternehmergeist gesehen. Das ist genau unser Problem. Wir haben keine Innovation, keine Eigenverantwortung und denken zu viel in Silos. Aber was mich auch interessiert, ist das Thema Digitalisierung. Und wir haben zu wenige junge Mitarbeiter, die sich mit einbringen. Die junge Generation interessiert uns auch.«

In diesem Fall interessiert sich der Veranstalter für drei meiner Vortragsthemen und hat bereits einen Schwerpunkt gesetzt. Für jeden dieser Vorträge habe ich eigentlich einen roten Faden und einen Spannungsbogen ausgearbeitet. Ich kann aber Einzelthemen variieren oder Teile von Vorträgen austauschen und neu kombinieren. Das ist möglich, weil jeder Vortrag aus einzelnen Themenblöcken besteht, die ich miteinander verknüpfen kann. Das muss allein schon deswegen sein, weil die eine Rede 30 Minuten dauert, eine andere 60 Minuten und eine weitere 45 Minuten. Den Vortrag an die gewünschte Redezeit anpassen muss ich also ohnehin. Die Verknüpfung mehrerer Vortragsthemen ist zwar ein bisschen aufwändiger, aber machbar, weil die Themen eben alle miteinander zu tun haben. Natürlich muss ich dann die Übergänge der einzelnen Themenblöcke überprüfen und manchmal überarbeiten. Bei der genannten Anfrage schlug ich dem Veranstalter eine Keynote-Speech vor, die zu 60 Prozent das Schwerpunktthema Unternehmergeist behandelt, aber auch die Themen »Digitalisierung« (25 Prozent) und »die junge Generation« (15 Prozent) umfasst.

Generell funktioniert eine Keynote-Rede für jede Branche. Manchmal kommen Veranstalter mit dem Wunsch auf mich zu, den Vortrag auf ihren Wirtschaftszweig und ihr spezielles Marktumfeld auszurichten. Ich bereite mich auf jedes Event so vor, dass ich zum Beispiel in einer sich an den Vortrag anschließenden Fragerunde Analogien zur jeweiligen Branche ziehen kann. Auch die Beispiele in einer Keynote müssen übertragbar sein. Auf dünnes Eis begibt man sich aber, wenn man sich als externer Speaker dazu überreden lässt, ein konkretes Beispiel in den Vortrag einzubauen oder eine bestimmte Haltung aufzunehmen, weil es der Veranstalter gerne hätte. Denn wahrscheinlich verfügt jeder, der im Saal sitzt, über mehr Brancheninsiderwissen als ich. Wähle ich bei meiner Keynote ein Beispiel aus genau dieser Branche, dann birgt das einmal die Gefahr, aufgrund von Unkenntnis Fehler zu machen, vor allem aber ist das Publikum nicht mehr offen für das, was ich eigentlich ausdrücken möchte. Käme zum Beispiel in einem auf das Unternehmen zugeschnittenen Vortrag ein Konkurrent vor, dann hat jeder im Publikum bereits eine vorgefertigte Meinung. Oft ist es besser, ein Beispiel aus einer ganz anderen Branche zu wählen, um dann im Vortrag die Analogie zum konkreten Unternehmen und seinem Marktumfeld klarzumachen.

Eine Keynote ist kein Fachvortrag. Es geht nicht um spezielle Themen wie »Die neuen Handelstrends in der Branche X« oder »Marktveränderungen in der Branche Y«, auch wenn ich meine Vorträge hinsichtlich der Dauer oder der inhaltlichen Schwerpunkte auf die einzelnen Kunden zuschneide: Am Ende erzähle ich immer meine Geschichte, es geht um meine Expertise und meine Message. Davon weiche ich auch nicht ab. Festzuhalten bleibt: Als Keynote Speaker variieren ihre Vorträge von Event zu Event, aber Sie konzipieren Ihre Reden nicht komplett neu und machen daraus auch keinen Fachvortrag.

Der perfekte Vortragstitel

Wie nennen Sie Ihre Vorträge? Der Titel ist in vielerlei Hinsicht sehr wichtig. Er muss Ihre Kunden überzeugen. Meist ist er im Veranstaltungsprogramm abgedruckt und auf den Webseiten und im Intranet des veranstaltenden Unternehmens oder Verbandes zu finden. Auf einer Konferenz mit mehreren parallel laufenden Reden muss der Titel die Teilnehmer neugierig machen, damit sie Ihren Vortrag besuchen. Und schließlich steht er häufig auf der ersten Folie Ihrer Präsentation, wenn Sie die Bühne betreten.

Es hängt also eine ganze Menge vom Titel ab. Die Kriterien für gute Vortragstitel sind übrigens dieselben wie für Sachbücher, Fachbücher und Ratgeber. Wichtig sind vor allem drei Punkte:

1. Der Vortragstitel muss Ihren Kunden und Ihrem Publikum gleich klarmachen, worum es bei Ihrer Rede geht.

2. Der Vortragstitel sollte ein Nutzenversprechen haben und zeigen, welchen Wert er für das Publikum hat. (Nebenbei: Ein spannender Titel mit Nutzenversprechen ist nicht nur für das Publikum gut, sondern auch für Sie selbst, wenn Sie den Vortrag konzipieren. So laufen Sie nicht Gefahr, alles Mögliche dort unterzubringen, sondern haben ein Ziel vor Augen und dadurch ein besseres Redemanuskript.)

3. Im Idealfall kommt noch ein dritter Punkt hinzu: Ihre Story und vielleicht sogar Ihre Haltung kommen im Vortragstitel zum Ausdruck. Bei Frank Eilers oder Jan Heitmann steht die Story im Vordergrund. Seine Haltung ausdrücken lässt sich auch indirekt. Ich habe zum Beispiel bei meinem Vortragstitel zur Digitalisierung versucht, meine Haltung durch das Wording auszudrücken: »Digitalisierung ohne Bullshit Bingo«. Das signalisiert Konkretion ohne Gelaber und zudem einen frischen Vortrag ohne unnötige Fachausdrücke und Luftblasen.

Eines ist klar: Worum es geht (Expertenwissen) und was Sie ausmacht (Story, Haltung) sind Bestandteile des Titels. Was dabei nicht unter den Tisch fallen darf, ist der Kundennutzen. Sie sollten immer im Blick haben, wer der Adressat Ihres Vortragstitels ist. Dieser Aspekt ist eigentlich selbsterklärend: ohne Kunden kein Geschäft. Trotzdem vernachlässigen ihn viele Speaker. Thema, Story und Message sind ihnen ein echtes Anliegen, und darin lauert auch eine Gefahr: die Gefahr, dabei die wahren Bedürfnisse und Probleme der Welt außerhalb des eigenen Horizontes zu vernachlässigen.

Dazu ein kleines, fiktives Beispiel eines Verhaltenspsychologen, der ein an sich populäres Thema so dreht, dass der Kundennutzen komplett unsichtbar bleibt. Der Verhaltenspsychologe hat sich zu einem Experten zum Thema Prokrastination (umgangssprachlich: Aufschieberitis) entwickelt. Er kann erklären, warum Menschen wichtige Dinge immer wieder aufschieben. Er kennt die gängigen Lösungsansätze, um Aufschieberitis zu überwinden. Aber für ihn ist das langweilig – er geht davon aus, dass jeder diese Ansätze kennt. Deswegen denkt er sich einen besonderen, gegen den Strich gebürsteten Vortrag aus: Er möchte erzählen, warum die Menschen glücklicher werden, wenn sie Dinge aufschieben und nicht immer alles sofort erledigen. Die Story ist seine eigene und sein Thema lautet »Lob der Prokrastination – warum Aufschieberitis glücklich macht«. Der Psychologe verfügt über umfangreiches Expertenwissen, eine eigene Story, und er liefert eine Top-Performance. Die Menschen lachen Tränen. Aber trotzdem findet er keinen Markt – die einzigen Veranstaltungen, bei denen er auftreten kann, sind Vorträge im Bekanntenkreis und Uni-Partys. Und dafür bekommt er auch kein Geld. Was an diesem Beispiel auffällt: Das Phänomen Aufschieberitis ist für fast alle Menschen ein Thema. Auf dem Flur eines jeden Büros wird über den inneren Schweinehund gesprochen und gelacht. Aber wer bucht Keynote Speaker für Veranstaltungen? Wer bezahlt sie? Und welche Interessen stehen dahinter? Die wichtigsten Kunden sind Unternehmen. Und die erwarten eben kein »Lob der Prokrastination«, sondern das Gegenteil: Wie Mitarbeiter die Aufschieberitis überwinden. Sie erwarten, dass Keynote Speaker einen Nutzen bringen. Es gibt Redner, die Vorträge zu demselben Fachgebiet anbieten und damit sehr erfolgreich sind – zum Beispiel Stefan Frädrich mit seiner Kunstfigur »Günter, der innere Schweinehund«. Aber er hat den Nutzen für Veranstalter und Publikum deutlich herausgestellt und ist damit mindestens genauso humorvoll und unterhaltsam wie der Verhaltenspsychologe aus dem Beispiel. Wenn Ihr Vortragsthema und der Titel die Bedürfnisse der Kunden nicht befriedigen, kann Ihr Speaker-Dasein nicht mehr als ein Hobby sein! Haben Sie also immer den Kundennutzen im Blick.

Eine ähnliche Erfahrung habe ich am Anfang meiner Laufbahn als Redner auch einmal gemacht. Einen Vortrag hatte ich damals über ein Jahr im Angebot, und er ist nicht ein einziges Mal angefragt worden. Warum? Ich glaube, es lag am Titel: »Was Startups besser machen als etablierte Unternehmen«. Von der Sache her ist daran nichts falsch. Es gibt Dinge, die Startups besser machen als etablierte Unternehmen. Aber wer sind meine Kunden? In der Regel sind das die etablierten Unternehmen. Und aus deren Perspektive ist der Titel suboptimal. Beim Kunden könnte ankommen: »Startups sind besser als ihr«. Das will niemand so direkt hören. Und vielleicht denkt sich der Entscheider im etablierten Unternehmen dann noch: »Wir sind seit 100 Jahren Marktführer. Uns gibt es immer noch. Dagegen überleben neun von zehn Startups das erste Jahr nicht ... Und dann kommt der Herr Keynote Speaker und sagt, was die besser machen? Was für ein Quatsch.« Einer meiner aktuellen Vorträge heißt »Führung mit Startup-Spirit«. Der Inhalt ist dem des Vortrages mit dem Flop-Titel sehr ähnlich. Es geht darum, wie man als Führungskraft Innovationen und Unternehmergeist fördert, die Kunden in den Mittelpunkt stellt und agiler wird. Das sind genau die Punkte, die Startups besser machen als etablierte Unternehmen. Aber der Ansatz ist ein anderer. Der Titel sagt nicht, was andere besser machen, sondern wie etablierte Unternehmen sich weiter verbessern können.

Wie man Kundennutzen im Vortragstitel groß schreibt, zeigt auch der Keynote Speaker René Borbonus. Er ist Experte für Kommunikation und Rhetorik. Was ihn aber von anderen der zahleichen Rhetorikredner abhebt, ist seine Herangehensweise, die sich in seinen Vortragstiteln und Büchern zeigt. Sie lauten »Respekt: Ansehen gewinnen bei Freund und Feind« und »Klarheit: Wissen, was zählt und darüber reden«.[17] Beide Themen haben mit Rhetorik zu tun, doch seine Vortragstitel haben jeweils ein klares Nutzenversprechen. Das Thema »Rhetorik« ist allgemein. Bei René Bornobus erkennt man ganz konkret, welchen Nutzen Rhetorik liefern kann. Seine Bücher heißen genauso wie seine Vorträge, und er ist als Keynote Speaker und als Autor überaus erfolgreich.

Denken Sie immer daran: Jedem, der den Vortragstitel liest, muss klar sein, worum es geht. Und er muss einen Nutzen für sich erkennen können. Wenn Sie dann noch eine Formulierung finden, die Ihre Story repräsentiert und Ihre Haltung ausdrückt, haben Sie den perfekten Vortragstitel.

Wenn man zu sehr in seinem Thema drin ist, kann man nicht immer objektiv einschätzen, ob ein Titel wirklich perfekt ist. Deshalb bietet es sich an, den Titel einem Realitätscheck zu unterziehen. Die einfachste Variante ist der »Hausfrauentest«: Zeigen Sie völlig unvoreingenommenen Menschen Ihren Vortragstitel, und lassen Sie sich erzählen, was diese sich darunter vorstellen. Können Sie sich überhaupt etwas darunter vorstellen? Am besten fragen Sie Personen, die zu Ihrer Zielgruppe gehören könnten: Unternehmer, Führungskräfte, aber auch Kollegen. Haben diese Testpersonen Probleme, das Thema zu erkennen oder sehen sie nicht, welchen Nutzen sie aus Ihrem Vortrag ziehen könnten, dann verbessern Sie Ihren Titel.

Wie Sie einen neuen Vortrag entwickeln

Einen neuen Vortrag entwickelt man nicht nebenbei. Bereits für das Schreiben der Rede sollten Sie ausreichend Zeit einplanen, denn es bedeutet intensive Arbeit. Eine Rede ist von der ersten bis zur letzten Minute durchgeplant. Jeder Satz, jede Redepause, jeder Gag ist ein Teil des Planes. Es reicht nicht, sich ein paar Stichpunkte aufzuschreiben und dann zu improvisieren. Das mag bei einer internen Präsentation gut gehen, aber garantiert nicht bei einem Auftritt als Keynote Speaker. Und das hat einen Grund: Jede Sekunde, die ein Keynote Speaker überlegen muss, was er als nächstes sagen will, jedes überflüssige »Ähhh«, jeder spontan improvisierte Schlenker kann den berühmten roten Faden durchtrennen, schwächt die eigentlichen Kernaussagen und verbraucht außerdem wertvolle Zeit. Damit sinkt auch der Wert des Vortrages für das Publikum. Bei einer Keynote gilt es, überflüssigen Ballast abzuwerfen und den Vortrag so zu verdichten, dass er jederzeit relevant ist. Sie können das mit einer Show vergleichen: Genau wie bei einer Theateraufführung, einem von vorne bis hinten durchinszenierten Konzert von Beyoncé oder einem Comedy-Auftritt von Carolin Kebekus. Jedes Wort ist geplant, jede Bewegung hundertmal geprobt, und die Reihenfolge der Songs und Gags sitzt felsenfest. Was leicht und manchmal improvisiert aussieht, wird bis ins letzte Detail ausgearbeitet und eingeübt.

Die Basis für Ihren Auftritt ist Ihr Redemanuskript. Die Überlegungen gehen von der Grundsatzfrage – »Was möchten Sie überhaupt erzählen?« – über mögliche Beispiele, Dramaturgie und Spannungsbogen bis hin zu sprachlichen Details. Um meinen allerersten Vortrag zu schreiben und einzuüben, brauchte ich damals gut acht Wochen. Auch heute benötige ich ähnlich viel Zeit, wenn ich einen komplett neuen Vortrag entwerfe. Ich sitze dann zwar nicht jeden Tag acht Stunden lang am Schreibtisch, aber jeden Tag einige Stunden.

Wann beginnen Sie damit, die Reden zu schreiben? Am Anfang können Sie nicht alle Vorträge perfekt ausarbeiten und für jede mögliche Vortragsdauer einüben. Sie wären ein Jahr beschäftigt und wüssten nicht, ob den Vortrag überhaupt jemand buchen möchte. Ich hätte meinen Vortrag mit dem »Flop-Titel« noch so gut vorbereiten und einstudieren können – weil ihn nie jemand angefragt hat, hätte ich ihn nie in dieser Form auf der Bühne präsentieren können. Zum Glück habe ich es nicht getan. Begehen Sie nicht denselben Fehler wie so viele Firmen, die ohne jeden Realitätscheck ein neues Produkt bauen und beim Gang auf den Markt dann feststellen, dass es von den Kunden nicht nachgefragt wird und sich nicht verkauft. Gehen Sie am besten iterativ vor, testen Sie Ihre Vortragstitel und schauen Sie, welcher am besten ankommt.

Wenn Sie nach draußen gehen und Ihre Vorträge anbieten, sollten Sie bereits grob wissen, was Sie erzählen möchten. Doch selbst wenn das Thema ankommt und der Titel zieht, wissen Sie immer noch nicht, ob Sie beim ersten Mal für einen 30- oder einen 60-minütigen Vortrag gebucht werden. Es macht keinen Sinn, wenn Sie am Anfang alle Vorträge perfekt vorbereiten und das auch noch für alle Formate von 20, 30, 45 und 60 oder gar 90 Minuten. Lassen Sie Ihre Kunden entscheiden: Wenn bei den ersten fünf Anfragen vier Leute nach einem bestimmten Thema gefragt haben und alle einen 60-Minuten-Vortrag haben wollen, dann ist es nur logisch, dass Sie genau diesen als Erstes ausarbeiten.

Bei mir war es so: Meinen ersten Auftritt als Vortragsredner hatte ich im Februar 2015, dafür gebucht wurde ich bereits im Herbst des vorangegangenen Jahres. Anfang Dezember habe ich mit den Vorbereitungen begonnen. Ich habe mich mit einem weißen Blatt Papier hingesetzt und überlegt, was ich erzählen möchte. Zuerst habe ich ganz lose Stichworte gesammelt, die zum Vortragsthema und meiner Message passen, und danach versucht, einen roten Faden für diese Stichwortsammlung zu entwickeln. Ein Vortrag sollte immer stringent auf ein Ziel – die Kernaussage – hinarbeiten. Sehr früh habe ich mir auch überlegt, welche Bilder zu dem, was ich erzählen möchte, passen. Dafür habe ich zunächst die Bildersuche in Google benutzt, Platzhalterfotos gefunden und mithilfe der Fotos die Struktur des Vortrages noch weiter geschärft.

Nachdem die Struktur stand, habe ich zu jedem Bild den konkreten Vortragstext geschrieben und auf diese Weise das Redemanuskript modular ausgearbeitet. Wichtig war mir, dass es sich auch wirklich nach gesprochener Sprache anhört und nicht wie ein abgehobener Text, der nur beim Lesen funktioniert. Als ich damit fertig war, hatte ich circa 20 Themenblöcke à zwei bis drei Minuten für einen 60-minütigen Vortrag. Die Themenblöcke habe ich im Anschluss so zusammengepuzzelt, dass eine Dramaturgie entsteht und der Vortrag einen Spannungsbogen hat. Wenn ich heute eine neue Rede schreibe, gehe ich genauso vor wie bei meiner ersten. Diese Arbeitsweise hat sich für mich bewährt. Natürlich können Sie Ihr Redemanuskript auch ohne Bilder konzipieren. Probieren Sie aus, wie Sie am besten arbeiten können. Einzelne Themenblöcke können auch länger sein, aber sie sollten fünf Minuten nicht überschreiten. Das ist ein sicheres Zeichen dafür, dass noch zu viel Fett an Ihrem Vortrag ist und Sie schneller zum Punkt kommen müssen.

Sie können leicht herausfinden, ob Ihre Rede verständlich ist, ob sie einen roten Faden hat oder ob sich noch überflüssiges Fett im Manuskript befindet. Machen Sie einen Realitätscheck. Lassen Sie Ihre Rede von einer oder mehreren Personen durchlesen – bevor Sie sie einüben. Die Testleser sollten Menschen sein, die ein ehrliches und, wenn es angebracht ist, auch ein hartes Feedback geben können. Den größten Gefallen können Ihnen die Testleser tun, wenn sie Sie kritisieren und Fehler, Ungereimtheiten oder überflüssige Passagen klar benennen. Ein solcher Check kann Ihnen auch helfen, wenn Sie sich verrannt haben oder wenn Sie das Gefühl haben, so betriebsblind geworden zu sein, dass Sie die Qualität Ihrer Rede nicht mehr einschätzen können.

Selbst wenn Sie Ihre Rede mithilfe von Realitätschecks optimiert haben, ist sie wahrscheinlich noch nicht perfekt. Das ist auch nicht schlimm. Bei einem Vortrag ist es wie mit dem Kölner Dom: Er wird eigentlich nie fertig. Er ist nicht starr und bleibt nicht für alle Zeit derselbe. Je häufiger Sie eine Rede halten, desto mehr gute und vielleicht noch eingängigere Beispiele fallen Ihnen ein. Sie selbst entwickeln sich ja jeden Tag weiter, und so kann auch der Vortrag qualitativ immer weiter wachsen. Sie sehen selbst, was auf der Bühne gut funktioniert und was nicht und ob ein anderes Beispiel vielleicht besser zündet als das derzeitige. Begnügen Sie sich nicht damit, dass der Vortrag gut ist – es geht immer besser.

Jeder Speaker entwickelt beim Reden schreiben seinen eigenen Stil, der mit seinem Thema, seiner Positionierung und seiner Inszenierung zusammenhängt. Es gibt nicht das eine Rezept für die perfekte Rede, es gilt jedoch, einige handwerkliche Kriterien zu beachten, damit Ihr Vortrag verständlich ist und das Publikum interessiert bleibt. Eine handwerklich gut gemachte Rede ist die Voraussetzung dafür, damit Sie mit einer guten Performance auf der Bühne Ihr Publikum begeistern können. Schauen wir uns hierzu die wichtigsten Punkte an.

Mit dem Einstieg das Publikum gewinnen

Der Einstieg in Ihre Rede hat ein Ziel: Sie möchten sofort die Aufmerksamkeit des Publikums gewinnen und eine positive Stimmung erzeugen. Verzichten Sie deshalb auf eine umständliche Begrüßung (»Sehr geehrte Damen und Herren, es ist mir eine Ehre, heute vor Ihnen zu sprechen ...«), auf Dankesworte an die Veranstalter (»Ich bin dem Unternehmen zu großem Dank verpflichtet ...«) oder ähnlichen Schnickschnack. Würde jeder Redner das tun, könnte man Bullshit-Bingo-Formulare im Publikum verteilen und dann von den Zuhörern ankreuzen lassen, wenn dieselben Formulierungen immer wieder verwendet werden. Mit anderen Worten: Das ist langweilig.

Sie müssen sich selbst auch nicht noch einmal vorstellen. Das Publikum weiß, wer Sie sind, weil es Sie kennt oder weil es im Programm steht oder weil Sie gerade anmoderiert wurden. Und wenn das Publikum dann immer noch nicht weiß, wer Sie sind, dann ist es in diesem Moment auch nicht wichtig. Dann ist es wichtig, dass Sie von der ersten Sekunde an die Aufmerksamkeit der Zuschauer gewinnen und bis zum Schluss behalten, sodass sie sich am Ende an Ihren Namen erinnern werden!

Wie schaffen Sie das? Sie können am Anfang Ihrer Rede dem Publikum kurz darlegen, auf welche Reise Sie es in den folgenden 60 Minuten mitnehmen werden und was Sie vermitteln möchten. Ich tue dies manchmal, wenn ich zwei Vortragsthemen miteinander verbinde und erläutere dann, was diese Themen mit den Menschen im Publikum zu tun haben. Das schafft einen persönlichen Bezug zum Thema und weckt auf diese Weise Interesse.

Manchmal wähle ich auch bewusst einen »Störer« zum Einstieg, um die Aufmerksamkeit sofort zu erhalten, zum Beispiel mit einem bewusst sehr scharfen »Wissen Sie, was ich hasse wie die Pest?« Die Reaktion des Publikums darauf ist immer die gleiche: fassungslose Stille. Unterbewusst fühlen sich manche ertappt und wissen wohl selbst nicht so genau, wobei. Nach ein paar Sekunden schiebe ich dann hinterher: »... Wenn ich so wie Sie irgendwo im Publikum sitze?« Erleichterung im Publikum. Keiner hat sich daneben benommen. »Ich hasse es, wenn mich der Referent alle fünf Minuten dazu nötigt, ihm ein Handzeichen zu geben, nach dem Motto: ›Wer glaubt dies? Wer hat das schon einmal erlebt? Wer von Ihnen weiß jenes?‹ So ein Affentheater. Das nervt. Und deswegen machen wir das hier auch nicht. Aber jetzt, zum Anfang, bitte ich Sie genau ein einziges Mal darum, weil ich eine wirklich wichtige Frage an Sie habe.« Dann folgt eine Frage ans Publikum, alle machen mit, sind für das Thema aktiviert, und danach beginnt direkt der Vortrag an seinem eigentlichen Startpunkt. Überraschungen funktionieren. Auf diese Weise bekommen Sie jedes Publikum aus dem Lunchkoma.

Sie können zu Beginn des Vortrages auch Spannung aufbauen, indem Sie ein Problem benennen, das das Publikum direkt betrifft, und danach die Lösung des Problems versprechen. Zum Beispiel: »Knapp die Hälfte der Arbeitsplätze wird in den nächsten zehn Jahren durch die Digitalisierung wegfallen. Ich werde Ihnen sagen, was Sie tun können, damit Sie auch noch in zehn Jahren einen Job haben. Und zwar einen Job, der noch besser ist als der jetzige.« Die Spannung besteht darin, dass Sie eine Problemlösung, ein klares Nutzenversprechen in Aussicht stellen, das Publikum dafür aber Ihrem Vortrag folgen muss. Die Auflösung kommt am Schluss.

Egal, wie Sie in Ihren Vortrag einsteigen, wichtig ist, dass Sie möglichst schnell ins Thema finden und mit Ihrem ersten kurzen und knackigen Themenblock punkten.

Mit klaren Botschaften das Publikum fesseln

Zu Beginn Ihres Vortrages haben Sie einen Vorteil: Sie genießen in den ersten Sekunden die volle Aufmerksamkeit des Publikums. Das wird nicht zwangsläufig bei allen so bleiben. Vielen Menschen fällt es schwer, sich auf einen einstündigen Vortrag zu konzentrieren. Das gilt heute mehr denn je.

Sie können die Aufmerksamkeit halten, indem Sie klare und eindeutige Botschaften formulieren. Einen Vortrag, der in seinen Aussagen klar und gut strukturiert ist und zudem unterhaltsam und spannend. Das ist so ähnlich wie bei einem Buch: Der Autor muss die Leser fesseln, damit sie dranbleiben. Als Speaker müssen Sie Ihr Publikum ebenfalls fesseln, die Zuschauer sollen auch dranbleiben und sich nicht mit dem Smartphone beschäftigen, mit dem Nachbarn tuscheln, wegnicken oder einfach gehen. Doch selbst wenn die Aufmerksamkeit eines Zuschauers einmal kurz weggedriftet ist, sei es, weil er wirklich eine Message auf dem Smartphone beantwortet hat oder doch noch mal schnell den Saal verlassen hat, können Sie seine Aufmerksamkeit zurückgewinnen. Konstruieren Sie Ihre Themenblöcke so, dass er wieder einsteigen kann. Es darf nicht sein, dass jemand, der für zwei oder fünf Minuten den Faden verloren hat, ihn nie wieder aufnehmen kann. Das Publikum belohnt Sie mit Aufmerksamkeit, wenn es die Chance hat, wieder einzusteigen.

Hier ist die Kundenperspektive wichtig oder in diesem Fall besser: die Publikumsperspektive. Es geht für einen Keynote Speaker nicht darum, seine rhetorischen Fähigkeiten unter Beweis zu stellen. Es geht nicht um ihn, sondern um sein Publikum. Und das hat gar nichts davon, wenn sich jemand auf der Bühne selbst gefällt und zeigen will, was er so draufhat. Machen Sie sich klar, warum die Menschen vor Ihnen sitzen und wie Sie ihnen mit Ihrer Rede einen Wert liefern.

Einen eindeutigen Standpunkt vertreten

Eine Keynote-Rede ist kein wissenschaftlicher Vortrag, wo Für und Wider genau gegeneinander abgewogen werden müssen. Ganz im Gegenteil: Von Ihnen als Experte wird eine Meinung erwartet. Sagen Sie nicht: »Es gibt diese Position und jene. Beide haben etwas für sich. Sie müssen selbst entscheiden, welche Sie gut finden.« Vertreten Sie stattdessen einen eindeutigen Standpunkt. »Ich bin der Meinung, dass ...« oder »Ich mag ..., weil ...«. Der Veranstalter hat Sie nicht dafür eingekauft, damit Sie hin- und her lavieren. Warum sollten Sie dem Publikum die Einschätzung zu einem Thema überlassen, für das Sie ja schließlich der Experte sind? Das Publikum bildet sich seine Meinung sowieso. Vertraut es Ihnen oder nicht? Kann es Ihnen folgen oder nicht? Sind Menschen aus dem Publikum anderer Meinung? Das alles geht viel leichter, wenn Sie einen klaren Standpunkt vertreten. Es ist egal, ob die Menschen diesen teilen oder nicht; sie werden in jedem Fall zum Nachdenken und Mitdenken angeregt. Wer Ihren Standpunkt teilt, nickt während des Vortrages – zumindest innerlich – mit und erinnert sich an ein Beispiel oder an eine eigene Begründung dafür. Wer Ihren Standpunkt ablehnt, sammelt insgeheim schon Argumente dagegen. So bleibt das Publikum konzentriert bei der Sache. Sie können Ihre Aussagen auch überspitzen und damit das Publikum provozieren. Oder es durch verblüffende Fragen überraschen und seine Neugier wecken. Neugier beim Publikum ist die Basis, um bei ihm einen Impuls auszulösen.

Mit Geschichten und bildhaften Beispielen überzeugen

Verwenden Sie in Ihrer Rede Symbole und Metaphern. Bilder setzen sich leichter fest als Worte. Damit meine ich sprachliche Bilder. Diese können zwar mithilfe Ihrer Präsentationsfolien illustriert werden, aber das sprachliche Bild muss auch ohne Beamerunterstützung funktionieren. Welches Bild Sie wählen, hängt vom Thema ab. Ramona J. Smith, die Siegerin der World Championship of Public Speaking – ein

Rede-Wettbewerb des Rednerclubs Toastmasters – verwendet in ihrer preisgekrönten Rede »Still standing« zum Beispiel das Bild des Boxkampfes. Momente des Scheiterns in ihrem Leben vergleicht sie mit Schlägen und Haken, die sie einstecken musste. Ihre Unterstützer seien so etwas wie ihre Trainer und Coaches gewesen, die sie auf den nächsten Kampf vorbereitet hätten. Diese Boxkampfmetapher zieht sich durch ihre Rede. Ramona unterstützt sie sogar mit ihrer Körpersprache und setzt schon mal selbst zum Schlag an.[18] Sie brauchen keinen extremen Körpereinsatz zu leisten, wichtig ist die bildhafte Sprache. Vor allem Alltagsbeispiele können dabei helfen. Wenn Sie einen komplizierten Vorgang mit einem Alltagsbild beschreiben, verstehen es die Menschen eher und können sich Ihre Botschaft besser merken.

Eine besondere Kunst, Metaphern zu verwenden, ist das schon kurz angesprochene Storytelling. Jeder Mensch hört gerne Geschichten, schließlich handelt es sich dabei um die älteste Form, wie Menschen Erfahrungen, Informationen und Gefühle ausdrücken. Mit lebendig erzählten Geschichten wecken Sie die Neugier des Publikums und halten dessen Aufmerksamkeit höher als mit reinen Fakten und logischen Argumenten. Denn Storytelling vermittelt nicht nur auf unterhaltsame Weise Wissen, es spricht die Emotionen der Zuhörer an. Storytelling folgt einem dramaturgischen Muster: In der Regel gibt es einen Protagonisten, der vor einer wichtigen Entscheidung steht oder ein Ziel erreichen möchte. Dabei gilt es, einige Hindernisse zu überwinden. Manchmal gibt es auch Unterstützer und Gegenspieler. Der Protagonist räumt die Steine aus dem Weg und befindet sich am Ende in einer anderen Position als am Anfang. Er hat die Entscheidung getroffen, sein Ziel erreicht oder vielleicht ein ganz anderes Ziel entdeckt. Es gibt in jeder Story eine Entwicklung, und die Conclusio lässt sich auf das Problem der Menschen im Publikum übertragen, sie vermittelt eine Botschaft. Genau das ist Storytelling: Es dient dazu, eine Botschaft zu transportieren – Ihre Botschaft.

Die erste Geschichte haben Sie bereits: Es ist Ihre eigene Story. Scheuen Sie sich nicht, von Problemen auf Ihrem Weg zu erzählen, die Sie stärker gemacht haben oder Ihnen Erkenntnisse verschafft haben. Erzählen Sie von Ihren Gefühlen und Ihren Fehlern. Das macht Sie menschlich und sympathisch. Genauso wie Ihre eigene Story können Sie eine Geschichte erzählen, die die Probleme der Menschen im Publikum anspricht und sie somit emotional in den Vortrag einbindet. Sie können die Menschen damit direkt »abholen« und mit auf die Reise zu Ihrem eigentlichen Vortragsthema nehmen. Sie sitzen dabei auf dem Fahrersitz.

Einen emotionalen Schlusspunkt setzen

Ein prägnantes Ende ist mitentscheidend dafür, dass Ihr Publikum durch Ihre Rede einen Impuls erhält. Das erreichen Sie, indem Sie die Klammer, die Sie zu Beginn des Vortrages aufgemacht haben, schließen. Wenn Sie anfangs die wichtigsten Themen angerissen haben – so wie im oben angesprochenen Beispiel, als ein Kunde einen Vortrag wünschte, der drei Themen umfasst – dann ist es zum Ende an der Zeit, diese Punkte noch einmal resümierend aufzugreifen. Etwa so: »Jetzt haben Sie gesehen, dass Digitalisierung kein Hexenwerk ist und dass die junge Generation ein Impulsgeber sein kann, um wieder mehr Unternehmergeist und damit Innovationen in Ihr Unternehmen zu bringen. Gemeinsam können die Erfahrenen und die jungen Impulsgeber die anstehenden Aufgaben bewältigen.« Verbinden Sie dieses Fazit mit einer Ermutigung zum Handeln und setzen Sie Ihrerseits Impulse, schließlich ist das Ihre Aufgabe. Geben Sie dem Publikum Ihre Message mit auf den Weg. Damit die Botschaft hängen bleibt, braucht es zum Abschluss ein starkes, emotionales Bild. Drücken Sie Ihre Gefühle aus, teilen Sie sie mit Ihrem Publikum, und rufen Sie Emotionen im Publikum hervor. Nur wenn die Zuschauer selbst mit einer starken Emotion aus Ihrem Vortrag gehen, werden sie später ins Handeln kommen. Um auch die Herzen der Menschen im Publikum zu erreichen, können Sie zum Beispiel die letzte, entscheidende Episode Ihrer eigenen Story erzählen oder eine andere Geschichte aufgreifen, mit der Sie durch Storytelling das Publikum in Ihren Vortrag eingebunden haben. Wichtig ist, nicht abstrakt zu enden, sondern emotional.

Üben und trainieren, bis Sie Ihren Vortrag im Schlaf können

Wenn Sie Ihre Rede fertig haben, geht es darum, sie auswendig zu lernen. Klingt das für Sie komisch? Wirkt ein auswendig gelernter Vortrag nicht unauthentisch? Ich verstehe diesen Einwand, aber ich möchte Ihnen zeigen, warum genau das Gegenteil der Fall ist.

Die Vorteile, Ihre Rede auswendig aufsagen zu können, sind immens: Sie haben Ihre Sprechrolle voll verinnerlicht und müssen auf der Bühne nicht mehr nachdenken, was als nächstes kommt. Dadurch wird nicht nur Ihr Vortrag flüssiger und besser, es bleibt auch mehr eigene Aufmerksamkeit, um die Stimmung im Publikum zu erspüren und mit diesem zu kommunizieren. Und obwohl es sich vielleicht widersprüchlich anhört: Ein auswendig gelernter Vortrag hört sich für das Publikum freier und lockerer an als ein improvisierter. Nicht umsonst heißt auswendig lernen im Englischen »to learn by heart«. Solange der Text noch in Ihrem Kopf ist und Sie sich auf bestimmte Formulierungen konzentrieren müssen, wirken Sie verkrampft. Haben Sie die Rede komplett verinnerlicht, kommen Sie deutlich lockerer rüber. Wenn Sie diese Stufe genommen haben und nicht mehr darüber nachdenken müssen, was Sie als nächstes sagen, dann haben Sie schon eine Menge erreicht. Die richtig guten Keynote Speaker haben das alle geschafft.

Es gibt noch einen weiteren Grund, warum ein auswendig gelernter Vortrag besser ist als ein improvisierter: Weil nur dann das Timing stimmt. Wenn Sie 60 Minuten reden sollen und nur einen kleinen Teil davon improvisieren und auf eine andere Spur geraten, dann laufen Sie Gefahr, Ihr Zeitlimit zu überschreiten. Bereits wenn Sie die Rede schreiben, können Sie genau planen, wie lange Sie dafür brauchen werden. Und wenn Sie die Rede einüben, müssen Sie die veranschlagte Zeit auch genau einhalten. Da Sie ja nicht nur *die eine* Rede haben, sondern Vorträge zwischen 20 und 60 Minuten halten, sollten Sie für jeden der zwei- bis fünfminütigen Themenblöcke die genaue Redezeit kennen – so können Sie Ihre Rede leichter an die für Sie vorgegebene Zeit anpassen. Beim Einüben eines konkreten Vortrages sollten Sie am Ende immer die gleiche Zeit dafür brauchen. Klar, man trifft es nie wirklich genau, weil die Sprechgeschwindigkeit bei allem Training erfahrungsgemäß doch variieren kann. Aber wenn Sie einmal fünf Prozent langsamer reden und ein anderes Mal fünf Prozent schneller, dann sind das bei einem einstündigen Vortrag schon sechs Minuten Unterschied. Ihr Vortrag darf aber unter gar keinen Umständen länger dauern als vom Veranstalter veranschlagt. Deshalb sollte Sie bei einer einstündigen Keynote-Rede auch nicht genau 60 Minuten verplanen, sondern lieber 55 oder 57 Minuten. So werden Sie rechtzeitig fertig, selbst wenn etwas Unvorhergesehenes passiert. Ein Handy klingelt, eine Frage ans Publikum dauert länger, es gibt Lacher oder Applaus, und Sie brauchen jedes Mal 15 Sekunden länger, bis Sie weitermachen ... dann haben Sie ein Problem. Lassen Sie sich also ein paar Minuten Luft. Wenn Sie »zu früh« fertig sind, ist das nicht schlimm. Das Publikum hat dann einfach ein bisschen länger Pause oder kann zwei Minuten früher ans Buffet. Das nimmt Ihnen niemand übel.

Nachdem ich mein erstes Redemanuskript geschrieben hatte, habe ich sehr viel geübt. Für den ersten Vortrag hat diese Phase locker vier Wochen gedauert, die Hälfte meiner achtwöchigen Vorbereitungszeit. Ich habe diese Rede mindestens 30-mal in voller Länge für mich selbst gesprochen, damit ich sie auch wirklich konnte. Dabei habe ich mir vorgestellt, vor einem Publikum zu stehen. Ja, Sie verstehen mich richtig. Ich habe meinen Vortrag laut einem imaginären Publikum von 200 Leuten vorgetragen. Hätte mich jemand im Büro auf und ab laufen oder hin und her laufen sehen, er hätte mich für verrückt gehalten. Aber am Ende konnte ich meine Rede. Sie hätten mich nachts wecken können, und ich wäre in der Lage gewesen, sofort loszulegen. Dieser

Aufwand wird häufig unterschätzt. Denn so mancher, der im beruflichen Umfeld einen Vortrag hält, knallt sich fünf Stichworte auf die Folie und denkt, ihm fällt unterwegs schon das Richtige ein. Das geht vielleicht bei einer 08/15-Verkaufspräsentation, aber nicht als Keynote Speaker auf der Bühne. Vor allem dauert es, alles auswendig zu lernen. Um seine Rede flüssig und on time erzählen zu können, muss man das sehr intensiv tun. Sie können aber nicht acht Stunden täglich Ihren Vortrag üben. Nicht nur, dass der Kopf irgendwann voll ist – Sie hätten danach keine Stimme mehr. Auch diese Erfahrung muss man am Anfang erst einmal machen und lernen, den Körper als Ressource für den Beruf des Keynote Speakers zu betrachten und entsprechend zu schonen und zu pflegen. Planen Sie also für das Einüben eines neuen Vortrages großzügig Zeit ein. Pro Minute Vortrag können Sie etwa eine Stunde auswendig lernen kalkulieren. Ein Arbeitstag entspricht also acht Minuten Text. Sie können sich leicht ausrechnen, wie lange es dauert, bis ein kompletter einstündiger Vortrag sitzt.

Dieses harte Training eines Vortrages bis zur Perfektion ist einer der wesentlichen Unterschiede zwischen Profis und nichtprofessionellen Speakern. Wer im beruflichen Kontext »auch mal« einen Vortrag hält, hat gar nicht die Zeit, diesen so intensiv vorzubereiten und zu üben, dass er ihn jederzeit, immer gleich und in konstanter Qualität halten kann. Er erzählt den Vortrag immer mal ein bisschen anders. Er hat keine Dramaturgie entwickelt und auch nicht wochenlang an seinen Gags gefeilt.

Die gute Nachricht ist: Das Training wird Ihnen mit wachsender Erfahrung immer leichter fallen. Für meinen zweiten Auftritt, der nicht lange nach dem ersten angefragt wurde, brauchte ich nicht mehr vier Wochen Übung, aber immer noch gut zwei Wochen. Inzwischen habe ich meine Reden und Themen so verinnerlicht, dass es für den konkreten Auftritt nicht mehr so lange dauert. Es ist ein Unterschied, ob Sie gerade anfangen oder schon zwei, drei Jahre im Geschäft sind. Wenn Sie an einem Punkt sind wie ich heute, und Sie haben diese Woche zwei Auftritte, in der nächsten Woche drei und in der nächsten vielleicht sogar vier – dann bleiben Sie permanent im Thema. Sie erzählen zwar nicht jedes Mal dasselbe, weil der Vortrag ja variiert. Aber Sie haben Ihr Thema so gut drauf, dass es genügt, den konkreten Vortrag ein oder zwei Tage lang zu üben. Ich rufe mir diesen Vortrag, seinen Anlass, die besondere Publikumsansprache und die konkrete, an die Vortragsdauer angepasste Struktur ins Gedächtnis und übe ihn. Dabei stoppe ich die Zeit mit und »tune« die Rede so, dass Rhythmus und Timing am Ende richtig passen. Das ist zwar auch Arbeit, aber viel leichter und weniger anstrengend, als einen neuen Vortrag einzuüben.

Bewährte Mnemotechniken

Mnemotechniken, diese speziellen Gedächtnistechniken, können Ihnen beim Einüben Ihres Vortrages helfen. Allerdings bedeuten sie einen gewissen Anfangsaufwand. Neben den gleich genannten Techniken gibt es noch eine Vielzahl weitere. Probieren Sie aus, welche Ihnen wirklich hilft, oder entwickeln Sie eine eigene Methode, die zu Ihnen passt.

- Lesen Sie Ihren aufgeschriebenen Vortrag laut vor, wenn Sie mit dem auswendig lernen beginnen. Wenn Sie jedes einzelne Wort lesen und aussprechen, hilft Ihnen das, sich die Worte und Sätze zu merken. Machen Sie dabei Pausen zwischen den einzelnen Themenblöcken, und üben Sie diese auch einzeln.
- Verknüpfen Sie mit jedem Themenblock ein prägnantes Bild. So bleiben der Inhalt und vor allem die Reihenfolge der einzelnen Blöcke leichter im Gedächtnis. Gerade wenn Sie einen Vortrag aus verschiedenen Themenblöcken neu zusammensetzen, hilft Ihnen dieses Visualisieren dabei, sich die Struktur besser merken zu können.
- Die Bilder der Themenblöcke können Sie auch in einem Gesamtbild verknüpfen, zum Beispiel: Sie skizzieren die einzelnen Bilder auf einem DIN-A4-Blatt und wandern auch während des Vortrages von einem kleinen Bild zum anderen. Die Bilder können grafische Symbole sein wie bei einem Flussdiagramm, oder Sie bauen ein »Gedankenschloss«, und die Bil-

der zu den einzelnen Themenblöcken sind etwa Möbelstücke, die in bestimmten Räumen stehen. Für einen neuen, an die Veranstalter angepassten Vortrag können Sie ein neues Gesamtbild skizzieren, das die bekannten Einzelbilder – also die Themenblöcke – passgenau arrangiert.

- Eine weitere Variante: Ordnen Sie jeden Themenblock einem Körperteil zu. Der Vortrag geht dann zum Beispiel vom linken Fuß über das Knie zur Hüfte und zum linken Arm, und dann vom kleinen Finger bis zum Daumen. Während des Vortrages reisen Sie einmal um Ihren Körper und haken alle Themenblöcke nacheinander in der richtigen Reihenfolge ab.
- Platzieren Sie Stichworte zu den Einzelthemen Ihres Vortrages oder die damit verknüpften Bilder in Ihrer Wohnung oder in Ihrem Büro – zum Beispiel mit Post-its. Es kann sogar Spaß machen, sich den Themenblock ins Gedächtnis zu rufen, wenn man daran vorbeikommt – in der Küche, vor dem Badezimmerspiegel (beim Zähne putzen haben Sie Zeit!) oder vor dem Kaffeeautomaten.
- Wechseln Sie beim Lernen hin und wieder den Ort, gehen Sie spazieren oder setzen Sie sich auf eine Parkbank. So laufen Sie nicht Gefahr, dass Sie das Gelernte nur an einem Ort abrufen können. Und Ortswechsel machen den Kopf frei für Neues.

Wenn Sie Ihre Rede auf diese Weise geschliffen und im Anschluss eingeübt haben, bietet sich ein weiterer Realitätscheck an: Tragen Sie den neuen Vortrag vor einigen ausgewählten Menschen vor, die Ihnen wieder ein ehrliches und offenes Feedback geben. Dazu können durchaus die Personen gehören, die schon Ihr Redeskript gelesen haben, aber unbedingt auch andere, die noch gar nicht mit Ihrem Vortrag in Berührung gekommen sind. Ihr späteres Publikum wird auch nicht das Manuskript gelesen haben. Ihre Rede muss ohne Vorkenntnisse überzeugen.

Ihre Bühnen-Performance

Spätestens bei diesem Realitätscheck werden Sie merken, dass es nicht allein entscheidend ist, *was* Sie erzählen, sondern auch *wie* Sie das tun. Neben der perfekt ausgearbeiteten Rede ist es auch wichtig, wie Sie mit Ihrem Publikum interagieren: zum Beispiel durch Körpersprache, den Einsatz Ihrer Stimme und die Art, wie Sie mit ihm kommunizieren. All das ist Teil Ihrer Bühnen-Performance und gehört unabdingbar zu Ihrem »Produkt« Keynote Speaker dazu.

Eines kann ich aus meiner eigenen Erfahrung sicher sagen: Kein Top-Speaker hat am Anfang einfach eine Bühne geentert, eine Stunde lang drauflos geredet und wurde dann mit donnerndem Applaus und lautem Jubel verabschiedet. Cicero, einer der berühmtesten Redner im alten Rom, sagte einmal: »Reden lernt man nur durch reden.«[19] Das stimmt, und ich würde ergänzen: Auch eine gute Bühnenperformance können Sie lernen und trainieren. Profi-Speaker bereiten eine Rede nicht nur wochen- und monatelang mit großer Akribie und Ernsthaftigkeit vor. Sie suchen sich außerdem Unterstützung bei Schauspiel-Coaches und Stimm-Trainern. Sie lassen sich von Stylisten beraten und wählen ihr Bühnen-Outfit, das dem Publikum gegenüber angemessen ist und zu ihrer Story und ihrer Inszenierung passt. Sie üben ihre Rede immer wieder und überprüfen ihre Wirkung auf sich selbst (Ja, wenn man sich selbst hört und sieht, dann ist man wahrscheinlich selbst sein härtester Kritiker) und auf andere (Familie, Freunde, Kollegen). Sie gehen raus aus ihrer Komfortzone und bereiten sich darauf vor, von hunderten oder tausenden Augenpaaren gleichzeitig auf den Prüfstand gestellt zu werden. Wenn Sie selbst dazu bereit sind, können Sie auch als eher introvertierter Mensch auf der Bühne eine Präsenz ausstrahlen und Ihr Publikum für sich gewinnen. Aber wie geht das?

Der wichtigste Punkt ist eigentlich ganz banal: Als Keynote Speaker müssen Sie Enthusiasmus und Begeisterung auf der Bühne vorleben. Wenn Sie keinen Spaß an Ihrem Vortrag haben, warum sollten andere davon begeistert sein? Wenn Sie für Ihren Vortrag und Ihre Message brennen, strahlt das auch auf Ihr Publikum ab. Die Menschen merken es sehr genau, wenn Sie echte Leidenschaft entwickeln. Ja, Begeisterung ist ganz schön ansteckend.

Ich bin mir sicher, Sie brennen für Ihre Message und vertreten leidenschaftlich Ihren Standpunkt. Damit Ihr Enthusiasmus auf der Bühne angemessen zur Geltung kommt, müssen Sie aber immer ein bisschen mehr zeigen als im Gespräch mit einer kleinen Gruppe. Wenn Sie auf der Bühne so sind wie bei einem Vortrag vor drei Kollegen am Flipchart, dann machen Sie sich kleiner als Sie es in Wirklichkeit sind. Sie müssen sich also größer machen. Je größer das Publikum, desto mehr müssen Sie »übertreiben«: Ihre Körpersprache muss intensiver werden, Ihre Stimme lauter, Ihre Mimik ausdrucksstärker.

Schauen Sie sich einmal gezielt an, wie Schauspieler bei einer Theateraufführung agieren: Alles ist sehr stark überzeichnet: Schminke, Mimik, Gestik, Bewegungen, Posen, Lautstärke und die Betonung beim Sprechen. Klar, auch die Leute auf den hinteren Plätzen sollten auch subtile Gefühlsregungen erkennen können, damit das Stück funktioniert. Ganz ähnlich ist es bei einem Keynote Speaker. Stellen Sie sich vor, Sie haben einen Auftritt vor 2000 Menschen, die Bühne ist 30 Meter breit, die letzte Reihe ist 150 Meter entfernt. Eine solche Riesenbühne müssen Sie erst einmal ausfüllen, und das geht nur, indem Sie sich größer machen. Das klingt für Sie jetzt vielleicht theoretisch und nicht wirklich greifbar. Aber machen Sie sich einmal den Spaß und halten Sie einen Vortrag ganz normal, ohne dabei zu übertreiben. Also so, wie Sie sich wohlfühlen. Nehmen Sie das mit einer Kamera auf und schauen Sie sich das Video im Anschluss an. Ich wette, es gibt einen Unterschied zwischen Ihrer eigenen Wahrnehmung während des Vortrages und der beim Anschauen der Aufnahme. Es kommt viel weniger rüber. Es geht unglaublich viel Energie verloren. So ist es auch in einer großen Halle.

Vielleicht denken Sie trotzdem: Ich will mich nicht verstellen. Ich möchte nicht schauspielern. Aber mal im Ernst: Jeder Mensch schauspielert täglich, egal ob beim Date oder an Weihnachten bei der Familie, wenn man die Geschenke auspackt, oder bei einer Produktpräsentation. Denken Sie an die Freude beim Auspacken des Geschenkes, das Ihnen nicht gefällt. Oder die Begeisterung für das Produkt, obwohl Sie vielleicht wissen, dass es bessere auf dem Markt gibt. Und beim ersten Date verhalten Sie sich auch ein bisschen anders als beim zehnten.

Man hört ja immer »Sie müssen authentisch sein«, aber das ist nicht ganz richtig. Authentizität bedeutet für einen Keynote Speaker nicht, seine Gefühle zu offenbaren, die er beim Auftritt hat. Denn das authentische, echte, eigene Ich sieht auch bei einem erfahrenen Speaker so aus: Er ist nervös. Und wenn er einen neuen Vortrag zum ersten Mal hält, ist er supernervös. Authentisch zu sein, würde dann bedeuten: Er geht auf die Bühne und ist ganz klein und verängstigt. Das ist natürlich nicht Sinn der Sache. Authentizität ist vielmehr das, was beim Publikum entsteht, wenn es Ihren Auftritt sieht. Authentisch sind Sie dann, wenn Sie konsequent ein stimmiges Bild von sich transportieren. Dazu gehören nicht nur Mimik und Gestik, hier kommt auch ihre Inszenierung als Speaker ins Spiel: Die Bühneninszenierung entspricht dem, was Sie im vorherigen Kapitel gelesen haben: Sind Sie die Rampensau wie der Power Seller oder der Elder Statesman? Sind Sie der Provokateur oder der Harmonisierer? Die Inszenierung ist Teil Ihrer Positionierung, und auf der Bühne kommt sie besonders zum Tragen.

Auch Sie haben es drauf, mit Gesten oder durch Mimik besondere Gefühle auszudrücken. Sie haben all das schon einmal gemacht. Beim Fotografieren von Selfies, wenn Sie jemanden kritisieren, und natürlich in beruflichen Zusammenhängen wie etwa beim Kundenkontakt. Versuchen Sie, Mimik, Gestik und Stimme bewusst einzusetzen und zu überzeichnen. Üben Sie vor dem Spiegel, vor Freunden, vor Bekannten, die zu Ihrer Zielgruppe als Speaker gehören könnten. Filmen Sie sich selbst und schauen Sie sich die Aufnahmen an, auch wenn es manchmal schwerfällt. Machen Sie auch in Sachen Performance einen Realitätscheck.

Sie können auch Profis hinzuziehen, um Ihre Bühnenpräsenz zu stärken und zu professionalisieren. Als ich für größere Events gebucht wurde, habe ich mich dazu entschlossen, meine Performance durch Schauspiel-Coachings zu professionalisieren. Ein Schauspiel-Coaching kann Ihnen zeigen, wie Sie Körpersprache einsetzen, wie Sie die Umstände – 2000 Menschen im Publikum, eine riesengroße Bühne – ignorieren und trotzdem Sie selbst sind. Wie Sie authentisch rüberkommen und Präsenz ausstrahlen. Es kann Ihnen vermitteln, wie Sie agieren, damit das Publikum das Gefühl hat: »Da ist jemand total authentisch. Klasse.« Wie gesagt: Der Auftritt eines Keynote Speakers hat etwas von einer Show. Die Hauptrolle in dieser Show haben Sie selbst. Aber Sie spielen nicht einen anderen. Sie bleiben authentisch. Es ist Ihre Expertise, Ihre Story, es ist die Inszenierung Ihrer Persönlichkeit. Sie bringen den Kern dessen, was Sie als Ihre Positionierung erarbeitet haben, auf den Punkt. Die Bühne verlangt aber eine Art Überinszenierung. Das Publikum erwartet sie auch. Es erwartet einen Experten, der eine interessante Story hat und eine gute Show abliefert.

Dabei gibt es auch Gefahren. Ich kann mich daran erinnern, es am Anfang bei einem Auftritt einmal übertrieben zu haben. Schon bei der Vorbereitung habe ich mir mantraartig vorgesagt: »Das wird der beste Vortrag aller Zeiten. Ich werde eine richtig geile Show abziehen.« Es wurde nicht der geilste Vortrag aller Zeiten und auch nicht der beste an diesem Tag. Es wurde ein Krampf. Übermotivation führt zu Verkrampfung. Wenn man auf der Bühne steht, geht es darum, Spaß zu haben. Dann hat auch das Publikum Spaß. Auch dabei hat mir das Schauspiel-Coaching geholfen. Ich habe gelernt, »gut« zu übertreiben, aber nicht zu sehr und dadurch zu verkrampfen.

Eine andere Gefahr ist, dass Sie bei all den Gedanken, eine gute Show zu liefern und Präsenz auszustrahlen, das Publikum aus dem Blick verlieren. Ja, es ist eine Show, und Sie sind der Hauptdarsteller. Aber machen Sie sich klar: Es ist *nicht Ihre* Show. Es geht nicht darum, wie toll Sie sind. Es geht um das Publikum. Das will keine Ego-Show, sondern etwas von Ihrem Vortrag mitnehmen. Wer nur auf die Bühne geht, um toll gefunden zu werden, betreibt Missbrauch am Publikum.

Der Einsatz Ihrer Stimme

Die Stimme ist ein nicht zu unterschätzender Faktor für einen Keynote Speaker. Sie kennen es sicher auch: Manche Stimmen kann man einfach nicht ab. Dagegen kann man nichts tun. Was Sie aber tun können, ist, Ihre Stimme bewusst einzusetzen, um den Inhalt Ihres Vortrages zu unterstützen. Es ist gibt Menschen, die halten eine Rede mit fast identischem Inhalt, und die Wirkung auf das Publikum könnte unterschiedlicher nicht sein. Der Sprechwirksamkeitsforscher Walter Sendlmeier von der TU Berlin hat einmal eine Rede von zwei ehemaligen SPD-Parteivorsitzenden untersucht. Sein Fazit: »[...]Oskar Lafontaine und Rudolf Scharping [haben] bei ihren Parteitagsreden mit fast identischem Inhalt eine geradezu gegensätzliche Wirkung erzielt. Lafontaine klang kämpferisch und selbstbewusst, Scharping wirkte kraftlos und resigniert«.[20]

Als einer der charismatischsten Sprecher überhaupt galt Steve Jobs. Seine Apple-Keynotes waren legendär und sind mit dafür verantwortlich, warum Jobs und sein Unternehmen eine so große und enthusiastische Fangemeinde haben. Was Jobs' Stimme auszeichnete, hat der Phonetiker Oliver Niebuhr von der University of Southern Denmark einmal untersucht.[21] Jobs' Stimme war sehr variabel, das Gegenteil von monoton. Ein melodischer »Singsang« wirkt leidenschaftlicher als ein monotoner Vortrag auf einem einzigen Level. Gerade wenn es zu einer Pointe kommt, ging die Varianz der Tonhöhe bei Steve Jobs über zwei Oktaven. Der Phonetiker erklärt, dass dies beim Publikum als Zeichen von Autorität und Ausdrucksstärke ankommt und charismatisch wirkt. Ein zweites Merkmal von Jobs' Redekunst: Er sparte nicht mit Superlativen – und er wiederholte sie. Nach dem Motto »that's *rrreally* good!«, »this is a-*maaaz*-ing!« oder »that's *very, very* bad!«. (Erinnert Sie das an jemanden? Der Fußball-Coach Pep Guardiola verwendet dieses stimmliche Stilmittel auch!) Betonungen und Wortwiederholungen machten seine Vorträge empathischer, sie berührten das Publikum.

Ein dritter Punkt, der die Reden von Steve Jobs so überzeugend machte, ist laut Oliver Niebuhr: Er machte viele und gezielte Pausen.

Redepausen sind wichtig, damit das Publikum Ihren Gedanken folgen kann. Ihr Vortrag ist inhaltlich so verdichtet, dass man extrem konzentriert bleiben muss, um ihm zu folgen. Kurze Redepausen erleichtern Ihrem Publikum das Verständnis. Sie kennen sicher die Situation, wenn jemand wie ein Wasserfall ohne Punkt und Komma redet – am liebsten schaltet man dann auf Durchzug. Das sollte bei einer Rede natürlich nicht vorkommen. Nach einem logischen Schluss, einer wichtigen Information oder nach Abschluss eines Themenblocks ist das Publikum dankbar für eine kurze Redepause. Planen Sie solche Pausen ein. Nehmen Sie sich die Zeit.

Sie können Pausen aber auch anders nutzen: Es gibt die geflügelten Worte »Sie können nicht nicht reden«. Auch wenn Sie eine Redepause machen, signalisieren Sie dem Publikum etwas. Eine gezielt und an der richtigen Stelle eingesetzte Pause steigert die Spannung. Bevor Sie zu einer Pointe kommen oder wenn Sie einen Störer zum Beginn Ihrer Rede verwenden (»Wissen Sie, was ich hasse wie die Pest?«), ist eine kurze Pause also durchaus sinnvoll.

Mit dem Publikum kommunizieren

Kann man mit dem Publikum interagieren? Das funktioniert tatsächlich, egal wie viele Leute da sind, ob 50 oder 1500. Das hat etwas mit der Energie im Raum zu tun. Bei 1500 Zuschauern gibt es in der Regel immer eine Handvoll, die völlig unbekümmert Fragen beantworten, etwas reinrufen, manchmal fangen einige auch wie verrückt an zu lachen. Es gibt auch den umgekehrten Fall, dass ein kleines Publikum nicht aus sich herauskommt. Man stellt Fragen, und es kommt nichts zurück, aber das ist eher selten der Fall.

Es gibt kaum einen Vortag eines Keynote Speakers, der ohne Dialog mit dem Publikum auskommt. Das ist auch gewollt. Das Publikum soll ein aktiver Part des Events sein, es wird nicht nur beschallt und bespaßt. Wie läuft ein solcher Dialog ab? Schließlich gibt es bei einem Vortrag keinen so direkten persönlichen Kontakt wie bei einer Verkaufspräsentation, einem Coaching oder einem Seminar als Trainer.

Zuerst gibt es die nonverbale Kommunikation: Das Publikum sieht Sie an, und falls das Scheinwerferlicht Sie nicht anstrahlt wie bei einem Verhör, sehen Sie auch die Menschen im Publikum. Nicken sie mit dem Kopf? Schütteln sie ihn? Starren sie einfach in die Luft oder auf ihr Handy? Schauen sie Ihnen in die Augen? Wenn Sie eine Reaktion mitbekommen, ist das ein gutes Zeichen. Die Erfahrung lehrt aber leider auch, dass Sie vom Gesichtsausdruck der Zuschauer keinen sicheren Rückschluss darauf ziehen können, wie sie Ihren Vortrag finden. Ganz häufig sitzen die Leute mit einem vollkommen entleerten Gesichtsausdruck da, aber sind maximal konzentriert und hören Ihnen genau zu. Das hindert Sie aber nicht daran, selbst den Augenkontakt und die Kommunikation aktiv zu suchen. Schauen Sie Ihr Publikum an, lächeln Sie Menschen konkret an. All das ist bereits ein nonverbaler Dialog, der Atmosphäre schaffen kann.

Sie können der Interaktion auch mit ein paar Tricks auf die Sprünge helfen. Zum Beispiel, indem Sie ein bekanntes Zitat, das zu Ihrem Thema passt, in die Rede einbauen. Beginnen Sie mit dem Zitat, aber führen Sie es nicht ganz zu Ende. Motivieren Sie mithilfe von Körpersprache Ihr Publikum, den Satz fortzuführen. Oder Sie bewegen Ihre Lippen und »sprechen« den Satz lautlos weiter. Es gibt genügend Personen, die das nicht nur im Kopf, sondern auch laut tun. Eine weitere Möglichkeit zur Kommunikation ist es, das Publikum beim Storytelling einzubeziehen und mit rhetorischen Fragen gezielt anzusprechen: »Was hätten Sie in seiner Situation gemacht?«, »Wie hätten Sie das Problem der Protagonistin gelöst?« So halten Sie die Aufmerksamkeit hoch. Die Leute sind in Ihr Thema eingebunden, denken im besten Fall selbst nach und kommen zu eigenen Lösungen. Und wenn nicht, dann erwarten sie natürlich von Ihnen die Antwort, und Sie können diese auch geben. Das ist ein Moment von Spannungsaufbau und »Erfüllung« – und auch eine Form von Kommunikation.

Die simpelste Methode, um mit dem Publikum zu kommunizieren, haben Sie bereits kennengelernt: Fragen stellen. Keine rhetorischen Fragen, sondern richtige. Das funktioniert auch ohne die Aufforderung, Handzeichen zu geben. Schauen Sie die Menschen dabei direkt an. Bei Ihrer Rede bekommen Sie meistens mit, wer aktiv dabei ist und sich über eine direkte Ansprache freuen könnte. Die Fragen sollten möglichst konkret und nicht offen sein. Also nicht: »Haben Sie noch irgendwelche Fragen?« (jeder hasst diesen Satz!), sondern zum Beispiel: »Wer weiß, wann der erste Computer gebaut wurde?« bei einem Vortrag zur Digitalisierung. (Damit die Frage nicht offen bleibt: Als erste Frühform des Computers gilt der mechanische Rechner mit dem Namen Z1. Er wurde 1936 von Konrad Zuse in Berlin gebaut). In der Regel bekommen Sie auf konkrete Fragen auch Antworten. Es gibt Redner, die Ihr Publikum »bestechen« und einen kleinen Preis für die Person ausloben, die antwortet, zum Beispiel ein Buch oder eine DVD.

Es kann natürlich mal vorkommen, dass jemand beim Antworten überzieht und nicht nur auf die Frage antwortet, sondern monologisiert – sei es, weil die Person einfach kein Ende findet oder sich selbst in den Mittelpunkt stellen möchte. Oder eine Wette mit dem Sitznachbarn laufen hat ... Das ist langweilig fürs Publikum, und Sie verlieren die Kontrolle über Ihren Vortrag, den Inhalt, die Dramaturgie und das Timing. Nehmen Sie sich das Recht heraus, wieder zu übernehmen und die Kontrolle zurückzuerlangen. Das Publikum wird es Ihnen danken. Scheuen Sie sich nicht, eine deutliche Ansage zu machen, aber bleiben Sie unbedingt höflich und souverän. Ich kann Ihnen garantieren: Alle anderen im Publikum sind auf Ihrer Seite.

Schauspiel-Coaching, Stimmtraining, möglicherweise der Besuch eines Rhetorikkurses und eine Stilberatung gehören dazu, wenn Sie sich als Keynote Speaker weiter professionalisieren wollen. Sie müssen solche Trainings nicht alle absolvieren, bevor Sie das erste Mal auf der Bühne stehen. Aber sie helfen ungemein, um auf der Bühne immer besser und immer professioneller zu werden. Bei jedem Profi-Speaker gab es einem Punkt, an dem er sich professionalisiert hat.

Ich habe mir einmal den Spaß gemacht und erfolgreiche Keynote Speaker über die Google-Bildersuche aufgerufen, um zu sehen, ob, wie und wann sie sich professionalisiert haben. Das war höchst spannend und manchmal auch sehr lustig. Ich empfehle Ihnen, das mit ihren Lieblingsspeakern auch einmal zu machen. Sie werden gut erkennen, wann welcher Speaker in Sachen Außendarstellung einen Sprung gemacht hat. Solche Sprünge können Sie für sich selbst auch machen. Und Sie können sie planen. Versuchen Sie, sich immer weiter zu professionalisieren. Verbessern Sie Ihre Reden. Arbeiten Sie an Ihrer Bühnenpräsenz und Ihrer Performance, dann werden Sie ein Keynote Speaker, bei dem man gerne im Publikum sitzt. Und das haben Sie sich dann auch verdient!

So nutzen Sie Multimedia und Beamer sinnvoll

Sie sind im beruflichen Umfeld wahrscheinlich schon hunderte oder tausende Male mit Präsentationen in Berührung gekommen, vielleicht, weil Sie selbst eine vorgetragen oder weil Sie eine angeschaut haben. Man könnte auch sagen: anschauen mussten. Präsentationen sind zurecht gefürchtet. Denn üblicherweise sind sie vor allem eins: extrem dröge. Im Minutentakt werden Bullet Points an die Leinwand geworfen, die genau das wiedergeben, was der Vortragende gerade erzählt.

Wenn es um die visuelle Unterstützung Ihres Vortrages als Keynote Speaker geht, vergessen Sie am besten alles, was Sie über PowerPoint und Co. kennen. Ihr Vortrag ist nämlich keine Präsentation, sondern in erster Linie eine Rede. Trotzdem nutzen sehr viele Keynote Speaker heute eine Präsentationssoftware, um ihren Vortrag visuell zu unterstützen. Das kann durchaus sinnvoll sein, weil eine Keynote ja den Charakter einer Show hat und das Publikum auch unterhalten soll. Den Vergleich zu einem Popkonzert haben wir ja bereits gezogen. Aber auch da gibt es einen gravierenden Unterschied: Während bei Beyoncé, Kraftwerk oder Muse die Videoprojektionen fast genauso wichtig sind wie die Musik, darf das, was der Beamer hinter Ihnen an die

Rückwand der Bühne projiziert, nicht zur Hauptsache werden. Wenn ein Beamer zum Einsatz kommt, dann sollte das schon ein visuelles Erlebnis sein. Aber es darf den Inhalt Ihrer Rede nicht dominieren. Der Mittelpunkt der Show sind Sie und das, was Sie sagen. Sie sind Keynote Speaker und Impulsgeber. Entertainment ist Mittel zum Zweck. Sie unterhalten, um Wissen und Ihre Message besser zu transportieren.

Die Nutzung von Präsentationssoftware und Beamer ist also keine Pflicht. Es gibt viele Redner, die ihr Publikum ganz ohne mediale Unterstützung fesseln. Ein Mensch, ein Spot, eine freie Rede, fertig. Das kann auch beste Unterhaltung sein, so wie bei einem Blues-Gitarristen, der ein perfektes Konzert ohne jeden Schnickschnack gibt. Wenn Sie aber wie die meisten Speaker ein Präsentationstool nutzen möchten, dann liegt die Wahrheit irgendwo in der Mitte.

Mit welchen visuellen Elementen sollten Sie arbeiten? Wenn Sie zu Beginn Ihres Vortrages einen Überblick zu den folgenden Themen geben (wie im Beispiel »Digitalisierung, Innovation und junge Generation«), dann können Sie diese Themenstichworte auch zeigen. Wechseln Sie das Thema, können Sie dem Publikum diesen Wechsel ebenfalls unterstützend signalisieren. Dadurch wird der rote Faden Ihres Vortrages klarer.

Bilder können auch Ihr Storytelling unterstützen. Ich habe in einem meiner Vorträge einmal von dem Erfolg eines Startups erzählt, das einen ganzen Konzern herausgefordert hat. Die Gründer waren die Protagonisten dieser kleinen Story. Um diese greifbarer zu machen, habe ich ein Foto von ihnen gezeigt. Es waren sympathische junge Menschen, und das Bild hat dabei geholfen, dass das Publikum sich sofort emotional auf ihre Seite geschlagen hat. Überhaupt sind Bilder sehr gut dazu geeignet, Emotionen hervorzurufen oder zu verstärken. Zeige ich eine Karikatur oder ein witziges Foto, wird die Stimmung aufgelockert und die Menschen im Publikum lachen.

Auch der Einsatz von Videos ist möglich. Die Karriere-Experten Hesse/Schrader haben einmal einen Vortrag zum Thema Bewerbung gehalten. Sicher kein Sujet, das aus sich heraus unterhaltsam ist. Aber sie bauten einen kurzen Ausschnitt aus dem Film *Trainspotting* ein. Falls Sie den Film kennen: Es ist die Stelle, als sich »Spud« (gespielt von Ewan Bremner) vor einem Vorstellungsgespräch mit Speed aufputschte, um *nicht* eingestellt zu werden. Ausgehend von diesem kurzen, einminütigen Ausschnitt war das Thema plötzlich unterhaltsam, und die beiden konnten das Publikum immer wieder zum Lachen bringen. Das Zeigen von Filmen sollten Sie bei Ihrem Vortrag aber nicht überstrapazieren, sonst lenkt es von Ihnen und Ihrer Message ab. Videos dürfen auch nicht nebenbei laufen, sondern verlangen eine Redepause. Das Publikum kann sich in diesem Moment nur auf eine Sache konzentrieren. Mehrere Videos in einer kurzen Rede können durchaus den Flow Ihres Vortrages zerstören, also Vorsicht. Außerdem müssen Sie für eine öffentliche Vorführung unter Umständen Rechte einholen.

Wie gesagt, Bilder sind für einen Vortrag wertvoll. Doch wie kommen Sie zu geeigneten Fotos? Ich suche die Motive bereits beim Schreiben meines Vortrages aus und nutze zunächst Platzhalterfotos aus dem Internet, um meine Themenblöcke zu strukturieren. Meine Bilder sind gleichzeitig meine Gedächtnisstütze beim Auswendig lernen des Vortrages. Ob Sie genauso verfahren, bleibt Ihnen überlassen. In jedem Fall ist es sinnvoll, wenn Sie nicht mehr als eine Folie pro Themenblock verwenden. Rufen Sie sich den Rhythmus und den Flow Ihres Vortrages ins Gedächtnis: Wo helfen Stichpunkte (in Schriftform) dem Publikum? Wo können Sie durch Bilder emotionale Anker setzen? Wann ist es an der Zeit, den Vortrag etwas aufzulockern? Können Sie an einer Stelle eine gewagte oder auf den ersten Blick unglaubliche These durch eine ansprechende Infografik untermauern und dadurch Ihre Expertise belegen? Und ganz wichtig: Passt das Bild zu Ihrer Positionierung und der Art Ihrer Inszenierung, die Ihre gesamte Außendarstellung von der Website über das Marketing bis zum Auftritt selbst bestimmt? Jede Folie muss wohlüberlegt sein. Sind Sie sich nicht sicher, ob die Folie Ihrem Vortrag nützt, kann ich Ihnen nur einen Rat geben: weg damit.

Falls Sie wie ich zunächst mit Platzhaltern arbeiten und die Präsentation bühnenreif machen möchten, können Sie die Platzhalterfotos durch Stockfotos von professionellen Anbietern ersetzen. Für die Rechte müssen Sie natürlich bezahlen, aber die Gebühr ist überschaubar.

Stockfotos

Das Bildmaterial für Ihre Präsentation müssen Sie nicht extra bei einem Profifotografen in Auftrag geben. Dafür gibt es Stockfotos (Stock = Vorrat, Lager). Auf Stockfoto-Plattformen finden Sie nach Themen sortiert Millionen von hervorragenden und für eine große Leinwand ausreichend hochauflösenden Bildern, die Sie gegen eine überschaubare Nutzungsgebühr nutzen können. Stockfotos werden in der Werbung genauso genutzt wie für Buchcover, Blogbeiträge – und eben für Präsentationen.

Kosten: Die Kosten für die Nutzungsrechte eines Fotos liegen in der Regel zwischen 8 und 40 Euro. Die meisten Anbieter bieten Bundles oder Neukunden eine begrenzte Anzahl von freien Fotos an.

Anbieter:

Adobe Stock (https://stock.adobe.com/de)

Shutterstock (https://www.shutterstock.com/de)

Istockphoto (https://www.istockphoto.com/de)

Getty Images (https://www.gettyimages.de)

123rf (https://de.123rf.com)

Alternativen: Bei Fotocommunitys wie Flickr (https://www.flickr.com) können Sie bei der Bildersuche die Ergebnisliste nach Art der Lizenz filtern. Wählen Sie den Lizenztyp »kommerzielle Nutzung erlaubt«, dann können Sie die angezeigten Fotos bedenkenlos für ihre Präsentation (und für andere Zwecke) nutzen. Möchten Sie das Foto bearbeiten – dazu gehört auch das Beschneiden eines Bildausschnitts – wählen Sie den Lizenztyp »Kommerzielle Nutzung und Änderungen erlaubt«. Sie müssen sich noch nicht einmal bei Flickr registrieren, um diesen Service nutzen zu können.

Auflösung: Was am Laptop gut aussieht, kann auf der großen Leinwand aussehen wie ein Pixelgrab. Ihre Fotos benötigen dabei eine ausreichend hohe Auflösung. Andererseits bläht eine zu hohe Auflösung die Datenmenge Ihrer Präsentation unnötig auf, was je nach Hardware des Veranstalters zu Problemen bis hin zum Systemabsturz führen kann.

Mit der Präsentationssoftware umgehen

Mit Präsentationssoftware wie PowerPoint, Keynote oder Prezi haben Sie die Möglichkeit, Ihre Folien mit Fotos, Filmen oder Infos optisch ansprechend in Szene zu setzen. Die meisten Programme bieten Vorlagen für Präsentationen, visuelle Effekte beim Folienwechsel, Animationen und weitere umfangreiche Gestaltungsmöglichkeiten. Besonders das webbasierte Präsentationstool Prezi sticht dabei hervor, denn es ist extrem dynamisch und dadurch optisch ein echtes Highlight. Übertreiben Sie es aber nicht beim Einsatz von visuellen Schmankerln. Auch hier gilt im Zweifel: Weniger ist mehr. Wer seine Präsentation visuell überfrachtet und im wahrsten Sinne des Wortes ein virtuelles »Feuerwerk« zündet, lenkt unter Umständen zu sehr von den Inhalten seines Vortrages ab. Auch kann der Einsatz von zu vielen Animationen und Zooms schnell billig wirken. Am besten machen Sie sich wie schon bei der Auswahl der Fotos klar, wie Sie als Speaker positioniert sind und welche und wie viele technischen Elemente zu Ihnen passen.

Präsentationstools für Ihren Auftritt

Die drei wichtigsten Tools für Vortragspräsentationen sind PowerPoint, Prezi und Keynote. Eine klare Empfehlung gibt es nicht, alle sind für die Illustration Ihrer Vorträge geeignet und können Bilder, Videos und animierte Schrift einbinden.

PowerPoint

PowerPoint ist Teil des MS-Office-Paketes und Marktführer bei den Präsentationsprogrammen. Es gibt eine feste Struktur bei der Reihenfolge der Folien, einzelne Elemente können animiert werden. Der große Vorteil von PowerPoint, die Verknüpfung mit den anderen Office-Programmen und das Einbinden von Tabellen, Organigrammen und Diagrammen ist zwar im Büroalltag nützlich, für Ihre Keynote-Präsentationen aber nicht relevant.

Kosten: Die Abo-Version von Office (Office 365) kostet in der Basisversion 69 Euro im Jahr und enthält neben PowerPoint auch alle anderen Office-Anwendungen und einen Cloud-Service. Sie ist geräteübergreifend auch für Tablets nutzbar. »Office Home & Student« kostet einmalig 149 Euro und enthält PowerPoint, Word und Excel.[22]

Prezi

Prezi ist ein webbasiertes Präsentationstool, bei dem die einzelnen Elemente wie Bilder, Texte und Grafiken ähnlich wie auf einem Computer-Desktop abgelegt werden. Die Elemente können kreativ miteinander verbunden werden, der Folienwechsel ist ansprechend animiert, und es sind kleine »Kamerafahrten« möglich. Prezi ist visuell stark und spannend, es ist aber bei der Konzeption der Vortragspräsentation relativ aufwändig. Sie können Prezi geräteübergreifend nutzen, also auch von Tablets und Computern mit unterschiedlichen Betriebssystemen.

Kosten: Die Standardversion kostet monatlich 7 Euro, Die Plus-Variante bietet für 19 Euro monatlich einen Offline-Zugriff, den »Moderatorenmodus« und zahlreiche Vorlagen, die Premium-Version (ab 59 Euro monatlich) brauchen Sie für Ihre Auftritte nicht, sie umfasst Analyse-Tools für Web-Präsentationen. Um zu testen, ob Prezi Ihnen liegt, können Sie die kostenlose Basic-Version ausprobieren.[23]

Keynote

Keynote ist Apples Alternative zu PowerPoint und nicht auf Windows-Rechnern nutzbar. Es arbeitet ähnlich wie PowerPoint, unterscheidet sich aber in Details, wie z. B. den Animationen.

Kosten: Keynote ist für Mac-Nutzer kostenlos. Die App gibt es für die Installation auf dem Macintosh-Rechner sowie geräteübergreifend als Cloud-Version auch für iPads und iPhone.

Neben diesen drei Tools gibt es noch Alternativen, zum Beispiel Impress (die Präsentationssoftware des frei zugänglichen Paketes von OpenOffice für die Betriebssysteme Windows, Mac und Linux (https://www.openoffice.org/de/download/index.html), Google Präsentationen (https://www.google.de/intl/de/slides/about) und weitere Programme. Welches Sie nutzen möchten, hängt von Ihrer Arbeitsumgebung (Betriebssystem, Software-Umgebung) und Ihren persönlichen Präferenzen ab. (Möchten Sie den Offline-Modus nutzen? Wie viele grafische Möglichkeiten benötigen Sie?)

Damit die Bilder auf die Sekunde genau passend zu Ihrem Vortrag für das Publikum zu sehen sind, steuern Sie den Folienwechsel selbst mit einer Fernbedienung. Heutzutage ist sie meist so klein, dass man sie im Publikum gar nicht sieht, sie verschwindet quasi in Ihrer Hand. Behalten Sie unbedingt die Kontrolle, auch wenn ein Mitarbeiter des Veranstalters anbietet, die Steuerung für Sie zu übernehmen. Er kennt Ihren Vortrag nicht, und ein vorschneller oder verspäteter Wechsel kann einen Aha-Effekt schnell zu einem >>Oh je<<-Effekt werden lassen.

In der Regel steht ein Monitor am Bühnenrand, der genau zeigt, was das Publikum gerade hinter Ihnen an der Wand sieht. Das ist ein Vorteil, selbst wenn Sie Ihre Folien ganz genau kennen: Sie müssen sich nicht ständig umdrehen. Auch kann es einmal vorkommen, dass der Klicker, den Sie nutzen, um zur nächsten Folie zu gelangen, nicht richtig funktioniert oder »ausgeleiert« ist und Sie dadurch versehentlich einmal zwei Folien weiterspringen. Durch den Monitor vor sich sehen Sie sofort, was los ist. Bei kleineren Veranstaltungen steht meist ein Laptop auf dem Tisch vor Ihnen. Manchen Veranstaltern ist der Nutzen des zweiten Monitors nicht klar; in diesem Fall fragen Sie danach, und erklären Sie den Nutzen für sich und die anderen Referenten. Ich habe noch keinen Fall erlebt, in dem sich ein Veranstalter gegen diesen Monitor gesperrt hätte.

Einige Präsentationstools verfügen über einen sogenannten »Moderatorenmodus«, das heißt, auf dem Monitor oder dem Laptop vor Ihnen sind zusätzliche Informationen eingeblendet, die auf der Leinwand hinter Ihnen nicht zu sehen sind. Auf einer rückwärts laufenden Uhr können Sie sehen, wieviel Zeit Sie noch für Ihre Rede haben. Sie sehen das zum Beispiel auf dem Cover dieses Buches, das mich bei einem Vortrag zeigt. Manche Redner blenden auf Ihrem Moderatoren-Monitor auch Stichworte als Hilfestellung oder Eselsbrücken ein, damit sie während des Vortrages ihre Themenblöcke besser memorieren können.

Dienstleister für die Gestaltung von Präsentationen

Für die Gestaltung Ihrer Präsentation können Sie auch Experten beauftragen, die eventuell sogar die Auswahl von Bildern übernehmen. Ich persönlich nutze diese Services nicht, denn ich habe Freude daran, Vorträge zu schreiben und dabei Fotos für die Präsentation auszuwählen. Das möchte ich nicht delegieren. Die Fotos sind für mich auch bei der Konzeption meines Vortrages wichtig. Machen Sie es selbst, wenn es Ihnen Spaß macht und Sie zu guten Ergebnissen kommen. Liegt Ihnen diese Arbeit nicht, quälen Sie sich nicht mit der Umsetzung. Wenn Sie einen Dienstleister beauftragen, sollten Sie sich aber vorher über das Briefing klar sein:

- Wie sind Sie als Speaker positioniert?
- Wie sind Ihre Corporate-Design-Richtlinien (Farben, Schrifttypen, gegebenenfalls Logo)?

- Welchen Zweck sollen die einzelnen Folien haben: Strukturierung des Vortrages, Emotionen, Informationen?
- Wie viele Folien möchten Sie nutzen?
- Haben Sie bereits konkrete Ideen für Motive?
- Vor welchem Publikum sprechen Sie mit diesem Vortrag meistens?

Nur mit einem exakten Briefing kann ein Dienstleister eine Präsentation nach Ihren Vorstelllungen bauen. Das spart Geld und Nerven und verhindert, dass er ein Standard-Layout verwendet. Schließlich möchten Sie sich auch bei der optischen Unterstützung Ihres Vortrages von anderen abheben!

Zum Beispiel folgende Präsentationsagenturen sind Dienstleister für Keynote Speaker:

- Smavicon (https://smavicon.de)
- Explain (https://www.explain.de)
- meART (https://meart.de)
- More Impact (https://more-impact.com)
- assistenzwerk (https://assistenzwerk.de)

Wenn mein Vortrag ausgearbeitet ist und perfekt sitzt, schicke ich meine Präsentation eine Woche vorher an den Veranstalter. Der Saaltechniker hat dann genügend Zeit zu testen, ob alles funktioniert. Ich komme also nicht morgens mit einem USB-Stick an oder mit meinem eigenen Laptop in den Saal und kläre dann noch schnell die technischen Details ... Das wäre unnötiger Stress für meinen Kunden und mich. Inzwischen sind eigentlich alle Veranstalter, auch im Non-Profit-Bereich oder an Universitäten, so professionell, dass das reibungslos funktioniert.

5. Die Website – das Zentrum Ihres Geschäftsmodells

Sie wissen nun, wie Sie eine gute Rede schreiben, einüben und wie Sie mit Ihrem Vortrag auf der Bühne überzeugen. Sie haben sich vorbereitet, und eigentlich könnten Sie sofort loslegen. Aber der wichtigste Baustein Ihres Geschäftsmodells fehlt noch: Ihre Kunden. Als Profiredner sind Sie Unternehmer, egal ob Sie Ihre Tätigkeit zunächst nebenbei als 4-Stunden-Startup starten oder sich gleich als Fulltime-Speaker etablieren möchten. Und die wichtigste unternehmerische Aufgabe lautet: Kümmern Sie sich aktiv darum, Kunden zu gewinnen. Dabei gehen Sie allerdings nicht vor wie bei einer Kaltakquise. Sie klemmen sich nicht einfach hinters Telefon und rufen bei Firmen an, die Veranstaltungen organisieren. Als Keynote Speaker werden Sie sich aktiv darum kümmern, dass potenzielle Kunden *Sie* finden, sich für Ihr Angebot interessieren und sich ihr Interesse so sehr verstärkt, dass sie Sie für einen Vortrag anfragen. Der letzte und aus unternehmerischer Sicht wichtigste Schritt ist dann, dass Sie potenzielle Kunden in echte verwandeln und aus möglichst vielen Anfragen Aufträge generieren.

Der Funnel: Wie aus potenziellen Kunden echte Kunden werden

Für diesen Prozess gibt es in der Business-Sprache einen Begriff: der »Funnel«« Manchmal wird er »Marketing-Funnel« oder »Sales-Funnel« genannt. Das klingt für unsere Ohren eleganter als die deutsche Übersetzung »Verkaufstrichter«, aber das Bild bleibt dasselbe. Oben ist eine große Öffnung, unten eine kleine. Oben wird etwas hineingefüllt, und es kommt unten in konzentrierter Form wieder etwas heraus. Konkret: Im Funnel werden potenzielle Kunden – die Zielgruppe für Keynote Speaker – »hineingefüllt« und erst zu Website-Besuchern, und letztlich zu echten Kunden »verwandelt« oder »konvertiert«. Deshalb wird der Funnel in der Fachsprache auch häufig als »Conversion Funnel« bezeichnet (»Conversion« bedeutet so viel wie »Verwandlung«).

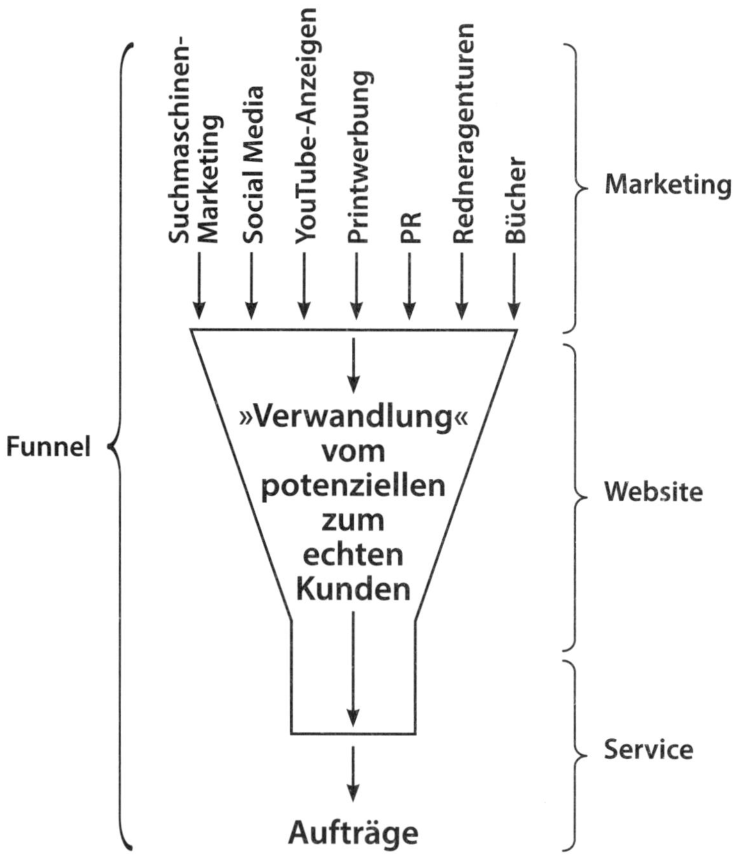

Abbildung: Der Funnel eines Keynote Speakers

Bei einem Keynote Speaker geschieht diese Verwandlung im Prinzip in drei Schritten. Der erste Schritt sieht folgendermaßen aus: Über verschiedene Werbe- und Marketingkanäle machen Sie auf sich aufmerksam und versuchen, möglichst viele potenzielle Kunden auf das Zentrum Ihres Funnels zu führen: Ihre Website. Sie möchten Traffic erzeugen, sei es durch Aktivitäten auf einem Blog, via Twitter oder in anderen Social-Media-Kanälen, durch Google Ads und YouTube-Anzeigen, Werbung in Printmagazinen, Buchveröffentlichungen, die Sie bekannt machen, PR und Medienpräsenz. Selbst ein Auftritt vor einem Publikum, das aus 100 Geschäftsführern besteht, führt zu Traffic, denn die Geschäftsführer sind potenzielle Neukunden und werden sich, wenn sie Sie für eine eigene Veranstaltung buchen möchten, garantiert Ihre Website anschauen.

Dann folgt der zweite Schritt: Auf der Website finden die Veranstalter alle relevanten Informationen über Sie. Ihr Ziel ist es, bei möglichst vielen potenziellen Kunden das Interesse an Ihnen als Redner zu verstärken. Das schaffen Sie, indem Sie Ihren Wert darstellen und Vertrauen aufbauen: mit einer klaren Positionierung, spannendem Content und durch den Nachweis, dass Sie es »können« – etwa durch Videos, Testimonials oder Referenzen von zufriedenen Kunden. Ihre Website bietet potenziellen Kunden auch die Möglichkeit, Kontakt zu Ihnen aufzunehmen und Sie für Vorträge anzufragen. Natürlich fragt nur ein gewisser Anteil der Besucher Ihrer Webseite Sie auch wirklich an, deswegen verengt sich auch der Trichter. Aber die, die Sie anfragen, haben eine konkrete Absicht, deswegen könnte man auch sagen, der Funnel konzentriert ein lockeres Interesse zu einem konkreten.

Nutzt der potenzielle Kunde die Möglichkeit zur Kontaktaufnahme per E-Mail, Online-Formular oder Telefon, übernehmen im dritten Schritt Sie selbst (oder Ihre Assistenz). Den persönlichen Kundenkontakt am Ende des Funnels nenne ich der Einfachheit halber »Service«. Der Service beinhaltet meist ein Vorgespräch, um abzuklären, ob Sie und der Kunde wirklich zueinanderpassen. Dann senden Sie Ihr Angebot mit Ihren Honorarvorstellungen und einem Speaker-Profil, eine Art Verkaufsprospekt, an den Kunden. Im Idealfall nimmt er Ihr Angebot an, und Sie haben einen Auftrag für einen Auftritt als Keynote Speaker. Dann steht am Ende der Vertragsabschluss.

Wir wollen uns in diesem und den nächsten Kapiteln mit dem gesamten Prozess der Kundengewinnung bei einem Keynote Speaker beschäftigen. Wie Sie gesehen haben, steht Ihre Website im Funnel-Modell an der zweiten Position. Das ist richtig so, denn Ihre potenziellen Kunden kommen ja dorthin, weil sie vorher über verschiedene Marketingkanäle von Ihnen erfahren haben. Für Sie selbst ist der Weg am Anfang aber umgekehrt: Bevor Sie mit Ihrem Marketing überhaupt starten, muss das Ziel bereits feststehen. Zuerst brauchen Sie Ihre Website, dann erst lohnt es sich, mit dem Marketing zu beginnen, also Werbung zu schalten oder einen Blog oder Podcast zu starten. Deswegen dreht sich in diesem Kapitel alles darum, wie Sie Ihre Website planen, bauen und optimieren. Das darauffolgende Kapitel beschäftigt sich mit den Marketing-Kanälen, die potenzielle Kunden auf Ihre Website locken sollen. Und anschließend wird es darum gehen, wie Sie den letzten Schritt gehen und Aufträge generieren.

Ihre Website: Verkaufsinstrument Nummer eins

Ihre Website steht im Mittelpunkt Ihrer Marketingaktivitäten. Sie ist Ihre »erweiterte Visitenkarte« und Ihr wichtigstes Verkaufsinstrument. Potenzielle Kunden recherchieren nach Speakern vor allem im Web, da müssen Sie präsent sein. Der Ted-Talk-Gründer Chris Anderson meint: »So wie die Druckerpresse die Reichweite von Schriftstellern vergrößert hat, so vergrößert das Internet die Reichweite von Rednern.«[24] Er hat absolut recht! Es ist toll, dass Sie diese Möglichkeit haben. Auch als Einsteiger können Sie einen professionellen und gleichzeitig kostengünstigen Web-Auftritt planen und umsetzen. Und Sie können Ihre Website jederzeit verbessern und mit Wert anreichern. Der Content wächst mit Ihrem Erfolg als Speaker. Wenn Sie selbst Wert aufbauen, bringen Sie ihn auf die Website. Ich möchte Ihnen zeigen, wie Sie Ihre Positionierung als Keynote Speaker auf Ihrer Website darstellen, wie Sie die Besucher neugierig machen, mehr von Ihnen zu erfahren, und wie Sie sie dazu bringen, Kontakt mit Ihnen aufzunehmen.

Wenn Sie schon einmal eine Website geplant und umgesetzt haben, wissen Sie wahrscheinlich über einiges, was in diesem Kapitel zur Sprache kommt, schon Bescheid. Sie wissen beispielsweise, dass jede Website einen »Header« und einen »Footer« hat, und Sie kennen die Tools, mit deren Hilfe man eine Website bauen kann aus eigener Erfahrung. Wenn Sie einen Web-Auftritt für Ihre Tätigkeit als Speaker bereits fertig haben, gilt dies umso mehr. Warum gehe ich dennoch ins Detail? Weil es mich immer wieder erstaunt, wie viele Speaker sich damit nicht auskennen. Es gibt so viele »Kraut und Rüben«-Seiten, dass es einem kalt den Rücken herunterläuft. Daher meine Bitte: Wenn Ihre Seite schon perfekt ist, springen Sie direkt zum nächsten Kapitel.

Planung und Elemente

Ihre Website hat einen bestimmten Zweck: Sie soll Sie als Speaker vermarkten. Es geht um Sie. Sie selbst sind das Produkt und stehen im Mittelpunkt – und eben nicht Ihre Vortragsthemen (und gegebenenfalls auch nicht Ihre Bücher, Seminare, Podcasts oder andere Produkte). Das darf aber nicht zu einem Denkfehler führen: Der Ansatz bei der Konzeption einer Website ist nicht, was Ihnen selbst gefällt und Sie selbst wichtig finden. Entscheidend ist die Kundenperspektive. Versetzen Sie sich einmal in Ihre Kunden. Wer ruft Ihre Website auf und in welcher Situation befindet sich der- oder diejenige dabei? Das ist in der Regel jemand aus einem Unternehmen, zum Beispiel eine Marketingleiterin oder eine Assistenz der Geschäftsführung oder jemand vom Event-Team. Stellen Sie sich beispielsweise eine gestresste Marketingleiterin vor, die seit Wochen den Punkt »Speaker suchen für das Jahres-Kick-off« auf der To-do-Liste stehen hat. Heute endlich nimmt sie sich diesen Punkt vor, nach dem 11:45-Uhr-Meeting und vor dem Mittagessen mit dem Bereichsleiter um 12:30 Uhr. Was wird sie tun? Sie googelt nach Speakern mit den passenden Themen und scannt deren Websites erst einmal auf die Schnelle. Sie können sich leicht vorstellen, dass unsere Marketingleiterin innerhalb von ein paar Minuten zehn bis 20 Tabs mit den Webseiten verschiedener Speaker aufgerufen hat. Ihre Priorität: ausmisten. Also sehr schnell erkennen, wer zum Thema passt, wer gute Referenzen hat, wer einen guten Job auf der Bühne macht. Auf Ihrer Website müssen Sie sehr schnell klarmachen, was Sie besonders macht und von anderen unterscheidet. Deshalb müssen Sie in Ihren Aussagen sehr klar, verständlich und prägnant sein. Potenzielle Kunden müssen sofort begreifen, wer Sie sind und wofür Sie stehen. Niemand scrollt ganz nach unten oder klickt eine Unterseite an, um herauszufinden, welchen Wert Sie als Speaker liefern.

Im Prinzip soll Ihre Website also genau das darstellen, was Sie beim Thema »Positionierung« erarbeitet haben. Der Content Ihrer Website besteht aus typischen Elementen, die Ihre Positionierung abbilden. Planen Sie im ersten Schritt alle Elemente, die Ihre Website enthalten soll, bringen Sie sie dann in eine sinnvolle Reihenfolge und gehen Sie danach an die Details.

Ihre Website sollte im Übrigen maximal aufgeräumt, optisch ansprechend und technisch auf dem aktuellen Stand sein. Eigentlich ist das Grundlagenwissen. Doch es gibt sehr viele Internetpräsenzen, die verschnörkelt und absolut unübersichtlich sind, und das ist Ihre Chance, sich davon positiv abzuheben. Heutzutage sind Websites mit sogenannten One-Page-Layouts weit verbreitet, also Websites, bei denen der komplette Inhalt auf einer Seite gezeigt wird. Zu den einzelnen Bereichen können die Besucher direkt gelangen, indem sie die jeweiligen Menü-Punkte anklicken oder indem sie einfach nach unten scrollen. Solche Websites haben sich bei Einzelunternehmern, Startups und in der Kreativbranche fast schon zum Standard entwickelt. Eine klassische Website – Homepage mit Menü und mehrere Sub-Pages – ist aber auch möglich. Wichtig ist nur, sich nicht zu verzetteln und den Aufbau klar und einfach zu gestalten. Je mehr Argumente und Anschauungsmaterial auf einen Blick zu finden und je weniger Klicks und Ladezeiten vonnöten sind, desto besser.

Folgende Elemente sind für die Website eines Keynote Speakers absoluter Standard; es nutzt sie quasi jeder Redner.

Die Essentials

Vorneweg: Jede Website hat einen Kopfbereich (»Header«) und einen Fußbereich (»Footer«). Dort stehen idealerweise Ihre Kontaktdaten. Das ist wichtig, weil sich potenzielle Kunden dann jederzeit zu einem Anruf oder einer Mail entschließen können. In den Kopf- oder Fußbereich können Sie bei Bedarf auch Social-Media-Links mit den jeweiligen Logos einbauen. Im Footer findet sich in der Regel auch ein Link zu Impressum, Datenschutzrichtlinien und zu Ihren Allgemeinen Geschäftsbedingungen.

Fotos und Videos

Professionelle Fotos sind essenziell; schließlich wollen Veranstalter wissen, wen sie sich auf die Bühne holen. Als Einsteiger empfehlen sich zunächst Portraitfotos und Bilder, auf denen Sie in Ihrem Bühnenoutfit posieren. Sie sollten aber so schnell wie möglich Fotos von Ihren Live-Auftritten anfertigen lassen und auf der Website präsentieren, das verschafft den Kunden einen noch besseren Eindruck. Auch Fotos von einem klatschenden, lachenden, überraschten oder erstaunten Publikum machen Eindruck. Und wenn Sie in einem großen Saal mit viel Publikum sprechen, lassen Sie sich nicht die Chance entgehen, dies zu dokumentieren. Ein Bild sagt mehr als tausend Worte. In diesem Fall: Sie sind bekannt und gut genug, um 3000 Menschen zu begeistern.

Ihre Performance können Sie noch besser mit einem oder mehreren Videos belegen, die Sie in Ihre Website einbinden. Ein Video ist für Keynote Speaker Pflicht und extrem wichtig. »Show, don't tell« lautet die Devise. Wer Sie für eine Veranstaltung bucht, möchte absolut sichergehen, dass Sie performen. Diese Sicherheit gewinnen Kunden durch das Video. Sie können sehen, wie gut Sie sind, wie Sie mit den Zuschauern im Saal umgehen und ob Ihre Art zum erwarteten Publikum passt. Muss sich ein Veranstalter zwischen einem Speaker mit einem überzeugenden Video und einem ohne Video auf seiner Website entscheiden, dann fragt er zu 95 Prozent den mit dem Video an.

Aber bevor sich jemand ein längeres Video anschaut, will er erst einmal einen Eindruck von Ihrer Performance gewinnen. Dafür eignet sich ein kurzer Trailer von 30 bis 60 Sekunden, maximal zwei Minuten. Denken Sie dabei an einen Trailer für einen Kinofilm: viele Schnitte, Spannung, Emotionen. Zeigen Sie die besten Szenen von einem Auftritt, zeigen Sie sich in Action und die Reaktionen des Publikums, blenden Sie eventuell ein paar Schlagworte zu Ihren Themen ein oder Ihren Slogan, den Sie bei der Positionierung entwickelt haben.

Wie kommen Sie zu guten Fotos und Videos, die Sie für die Websites nutzen können? Weil diese Frage so wichtig ist, gehe ich darauf im Abschnitt »Wie Sie an gute Fotos und Videos kommen« noch detailliert ein.

Slogan

Der angesprochene Slogan oder Claim bringt Ihre Positionierung auf den Punkt und soll den Veranstaltern gleichzeitig die Sicherheit vermitteln, dass sie mit Ihnen als Speaker nichts falsch machen können. Hier kann auch ein treffendes Zitat über Sie stehen, so wie zum Beispiel bei Reinhard K. Sprenger (»Deutschlands einziger Management-Guru, der diesen Titel wirklich verdient«), oder ein anderes Versprechen, das auf einen guten Auftritt schließen lässt und Ihre Motivation untermauert. Das können Sätze sein wie »Ich liebe es, Ihr Publikum zu begeistern« oder »Meine Mission ist Inspiration«. Sie können den Slogan als Headline einsetzen oder als Teil Ihres Fotos zeigen.

Kurzprofil

Ein Kurzprofil auf Ihrer Homepage soll Veranstaltern einen schnellen Überblick bieten und zeigen, mit wem sie es zu tun haben. Es unterfüttert den Slogan. Wer sind Sie? Wo kommen Sie her? Wofür stehen Sie? Welches sind Ihre größten Erfolge? Sie umreißen kurz Ihr Expertenwissen und Ihre Story. Daher sollte das Kurzprofil auch soweit wie möglich oben stehen, um potenziellen Kunden das Leben leicht zu machen und deren brennendste Frage zu beantworten: Passt dieser Speaker zu meiner Veranstaltung? Das Profil sollte maximal drei oder vier Absätze lang sein. Bei mir sieht das so aus wie im folgenden Beispiel.

Beispiel für ein Kurz-Profil auf der Website

Felix Plötz ist ein Querdenker und Anstifter – im besten Sinne! Als mehrfacher Bestsellerautor und international gefragter Keynote Speaker bringt er Kreativität, Mut und den »einfach mal machen«-Spirit von Startups zurück in große Unternehmen. Als Experte spricht er über die Themen »Digitalisierung«, »Motivation«, »Führung«, »Innovation« und »Startup-Spirit«.

Er gilt als Shooting-Star unter den deutschen Top-Speakern. Zu seinen Kunden gehören internationale Konzerne wie Audi, BMW, Bosch, E.ON, Innogy, Lufthansa, Siemens, Swiss Life, Volkswagen genauso wie mittelständische Unternehmen. Seine mitreißenden Vorträge (auf Deutsch u. Englisch) begeistern Mitarbeiter, Manager und Unternehmer gleichermaßen: bei exklusiven Kundenevents, Mitarbeiterveranstaltungen, Strategietagen, Kick-offs oder bei großen Kongressen und Events mit mehreren Tausend Zuschauern.

Sein Buch *Das 4-Stunden-Startup* steht seit mehr als zwei Jahren unangefochten auf den Bestsellerlisten und gehört zu den meistverkauften Wirtschaftsbüchern Deutschlands. Es ist u. a. »*SPIEGEL*-Bestseller Wirtschaft«, »*Handelsblatt*-Bestseller«, »Amazon-Bestseller Nr. 1«, »*Manager Magazin*-Bestseller« sowie »Top-10-Hörbuch des Jahres« auf Audible. Sein neues Buch *Das Ende der dummen Arbeit* zeigt, wie wir die Chancen der Digitalisierung nutzen und unsere Unternehmen erfolgreich transformieren können: für mehr Agilität, größeren Unternehmergeist und absoluten Kundenfokus in allem, was wir tun.

Felix Plötz ist frisch, smart, anders. Und sorgt so für 100 % Begeisterung. Bei jedem Publikum. Garantiert.

Testimonials

Zufriedene Kunden sind zusammen mit einem Video die beste Werbung! Haben Sie einen erfolgreichen Auftritt absolviert, bitten Sie den Veranstalter um eine Empfehlung, in der dieser seine Zufriedenheit – besser: Begeisterung! – über Ihre Rede und Ihre Person zum Ausdruck bringt. Die meisten Veranstalter werden Ihnen diese Bitte gerne erfüllen, wenn ihnen Ihr Auftritt gefallen hat. Haben Sie also keine Scheu nachzufragen und erläutern Sie dabei, wofür Sie das Zitat nutzen möchten. Die Zusammenstellung der Zitate zeigt den Besuchern Ihrer Website, dass Sie dem Publikum einen Wert liefern, es unterhalten und begeistern können. Die Testimonials untermauern, dass Ihre Performance überzeugend ist und bestätigen zusätzlich Ihre Positionierung. Ein, zwei Sätze reichen dabei völlig aus. Hier einige Beispiele:

- »1500 Leute im ausverkauften Colosseum Theater in Essen waren völlig begeistert. Ein sensationeller Vortrag!« (Dr. Stefan Frädrich, Gründer und Geschäftsführer, GEDANKENtanken GmbH) – Das Zitat belegt, dass der Speaker vor einem großen Publikum performen kann.
- »Der Vortrag macht nicht nur Mut, sondern auch wirklich Lust (!) auf Machen!« (Michael Konder, Leiter Digitale Geschäftsmodelle, Stadtwerke München GmbH) – Der Veranstalter macht deutlich, dass der Speaker seine eigentliche Aufgabe erfüllt: Er kann wirksame Impulse setzen.
- »Herr Plötz war der Erste, der mir überzeugend erklären konnte, was die Generation Y antreibt und wie sie die Welt verändert« (Dr. Philip Wenzel, Head of BMW Group HR Strategy, BMW AG) – Ein wunderbarer und persönlicher Kommentar, der zeigt, dass der Speaker auch komplexe Sachverhalte verständlich auf den Punkt bringt.

- »Der Beitrag von Herrn Plötz hat für das Digitalisierungsthema einen hervorragenden Diskussionseinstieg geboten. Dazu hat insbesondere seine breite Erfahrung in Kombination mit den humorvoll präsentierten Beispielen beigetragen. ›Just Do It‹ – das ist super angekommen!« (Damian Bunyan, Vorstand (CIO), Uniper SE) – Der Kommentar belegt gleich drei Punkte: die Expertise des Speakers, seinen Unterhaltungswert und die positive Resonanz beim Publikum. Zusammengefasst: Der Veranstalter hat sein Ziel erreicht.
- »Herr Plötz redet nicht nur, er lebt (!) das Thema ›Digitalisierung & neue Geschäftsmodelle‹.« (Marcel Schultz, Spezialist Digitalisierung, Bank Deutsches Kraftfahrzeuggewerbe GmbH / Société Générale Group) – Das Zitat betont die Einheit von Expertenwissen und Story beim Speaker und vermittelt, dass dieser authentisch ist.[25]

Nicht nur der Inhalt der Testimonials ist wichtig, sondern auch, wer sie sind. Es sollten wenn möglich Vertreter bekannter Unternehmen dabei sein, und je höher die Position des Zitatgebers, desto besser. Um rechtlich auf der sicheren Seite zu sein, lassen Sie sich die Erlaubnis für die Verwendung des Zitats für jeden Zweck schriftlich bestätigen.

Pressestimmen

Wenn Sie in der glücklichen Lage sind, dass in den Medien über Sie berichtet wird, dann nutzen Sie prägnante Pressezitate auf Ihrer Website. Sie stützen ebenfalls Ihren Expertenstatus und gehen manchmal auch auf Ihre Story ein. Erwähnungen in überregionalen Tageszeitungen, Wirtschaftsmagazinen, Fachmagazinen der Speaker- und Weiterbildungsbranche, TV-Formaten oder einschlägigen Web-Portalen zeigen, dass Sie bereits wahrgenommen werden und über eine gewisse Bekanntheit verfügen. Seien Sie vorsichtig mit regionalen Medien, vor allem wenn Sie keine höherwertigen Quotes daneben haben. Das Lob des »Hengascher Landboten« wirkt provinziell und eher abschreckend, ganz im Gegensatz zu einem Zitat der renommierten *F.A.Z.* oder des *Handelsblatt*. Auch bei Pressestimmen ist es wichtig, dass Sie eine schriftliche Erlaubnis von Medium und Autor einholen.

- »Sein Leben selbst liest sich wie ein Bestseller.« (*Handelsblatt Karriere*) – Die Betonung der Story des Speakers in diesem Zitat macht ihn als Keynote Speaker erst recht interessant.
- »Sein eigener Lebenslauf beweist: Es funktioniert« (*Business Insider Deutschland*) – Expertise und Story werden in einem kurzen Satz gleichzeitig untermauert.
- »Felix Plötz ist kein Zauderer. Nicht lange fackeln, anpacken!« (*Westdeutsche Allgemeine Zeitung*) – Gibt einen Vorgeschmack auf die Performance des Speakers, aber in diesem Fall von einer bekannten Tageszeitung und nicht von einem Wirtschaftsmedium.
- »Felix Plötz wird als Mutmacher gefeiert.« (*Berner Zeitung*) – Das Zitat belegt: Der Speaker erledigt seinen Job perfekt und kommt auch beim internationalen Publikum sehr gut an.[26]

Vortragsthemen

Sie als Person sind das Produkt, aber die Veranstalter kaufen Sie mit einem konkreten Vortrag ein. Stellen Sie also Ihre Vortragsthemen kurz vor. Bedenken Sie auch hierbei: Was bietet dem Kunden den höchsten Nutzen? Formulieren Sie kurz, worum es geht, und welchen Nutzen und Wert Sie mit dem Vortrag liefern. Bei zwei meiner Vorträge sieht das zum Beispiel so aus:

KEYNOTE-VORTRAG: EINFACH MAL MACHEN!

Mehr Unternehmergeist für Angestellte (und Manager)

Wir leben in Zeiten des Umbruches, denn durch die Digitalisierung herrscht in vielen Märkten ein knallharter Verdrängungswettbewerb. Qualität alleine reicht schon längst nicht mehr, um sich dauerhaft die Spitzenposition im Markt zu sichern. Die Erfolgsfaktoren für die Märkte von Morgen sind Mut, Innovationsfähigkeit und vor allem: die Fähigkeit, immer wieder mutig über den Tellerrand hinaus zu blicken!

Dieser Vortrag ist für Menschen, die etwas bewegen wollen. Die bereit sind, Verantwortung zu übernehmen – für ihr eigenes Leben und für ihr Unternehmen. Er ist ein leidenschaftliches, mitreißendes Plädoyer für mehr Engagement, Mut und die Lust, etwas Außergewöhnliches zu schaffen.

KEYNOTE-VORTRAG: DIGITALISIERUNG OHNE BULLSHIT-BINGO

Eine klare Anleitung, was zu tun ist und welche Haltung wir dringend brauchen

Jeder redet über Digitalisierung. Doch nur wenige haben verstanden, dass existenzieller Handlungsbedarf besteht. Und was konkret zu tun ist, das scheint erst recht ein Buch mit sieben Siegeln zu sein. Dabei ist Digitalisierung keine Raketenwissenschaft, sondern realistisch machbar. Für jedes Unternehmen. Was es jedoch braucht, ist der Mut sich selbst zu hinterfragen – seine Geschäftsmodelle, seine Denkweise und auch seine innere Haltung. Und es braucht klare Handlungsanweisungen, wie Digitalisierung schnell und erfolgreich umgesetzt werden kann.

In seinem Vortrag zeigt Felix Plötz konkret auf, was zu tun ist, um die Digitalisierung im eigenen Unternehmen erfolgreich zu meistern. Er gibt seinen Zuhörern umsetzbare Impulse, Inspiration und Motivation – für dauerhaften unternehmerischen Erfolg in den Märkten von Morgen. Garantiert 100% Bullshit-Bingo-frei.

Referenzen

Zusätzlich zu den Testimonials können Sie Ihre wichtigsten Kunden listen und ausgewählte Veranstaltungen nennen, auf denen Sie aufgetreten sind. Die Namen auf der Kundenliste sollten seriös und auf Ihre Zielgruppe zugeschnitten sein. Sind Sie breit aufgestellt, dann kommen die Auftraggeber im Idealfall aus unterschiedlichen Branchen, sind unterschiedlich groß und unterschiedlich ausgerichtet (Familienunternehmen, Großunternehmen, Verbände. Traditionsfirmen und eventuell Startups). Sind Sie Spezialist für den Mittelstand und bekommen von dort viele Aufträge, dann nennen Sie nicht nur Daimler und IBM. Die Events können ebenfalls eine gewisse Bandbreite haben und zeigen, dass Sie vor zwei Dutzend Führungskräften bei einem Kamingespräch genauso überzeugen wie auf einer großen Bühne vor 3000 Zuschauern. Sind Sie als Keynote Speaker ein Einsteiger, empfiehlt es sich, zunächst Auftritte und Referenzen zu »sammeln«, bevor Sie sie online stellen. Zeigen Sie nur zwei oder drei Referenzen, geht nämlich jeder davon aus, dass Sie über wenig Auftrittserfahrung verfügen. Selbst wenn das so ist: Vermeiden Sie diesen Wink mit dem Zaunpfahl. Und noch ein Tipp: Auf Ihrer Website macht es sich besser, wenn Sie die Logos der Unternehmen abbilden und nicht einfach den Namen nennen. Wenn Sie Logos nutzen möchten, bitten Sie bei der PR-Abteilung des jeweiligen Unternehmens darum, es nutzen zu dürfen. Lassen Sie sich die Erlaubnis schriftlich bestätigen, um rechtlich auf der sicheren Seite zu sein.

Optionale Elemente

Die eben genannten Elemente sind die Essentials der Website eines Keynote Speakers. Sie transportieren Ihre Person und Ihre Positionierung. Daneben gibt es eine Reihe von Elementen, die optional sind. Es ist ein bisschen auch Geschmackssache, was und wie viel Sie neben den Essentials noch zeigen. Aber entscheidend ist wieder die

Kundenperspektive: Sind die Inhalte für einen Veranstalter relevant? Sind sie verkaufsfördernd? Verlieren Sie sich nicht allzu sehr in Details, die von Ihrer eigentlichen Message (»mein Expertenstatus, meine Story, meine Performance«) ablenken könnten.

Lebenslauf

Ihren Werdegang können Sie an dieser Stelle noch ausführlicher als in Ihrem Kurzprofil darstellen. Letzteres ist eindeutig auf »Verkaufen« ausgerichtet. Hier haben Sie die Chance, etwas mehr von Ihrer Story zu erzählen, Ihr Anliegen und Ihre Message mit Herzblut zu untermauern. Achtung: Dieser Lebenslauf darf natürlich nicht so aussehen wie in einer Bewerbung. Er muss auch nicht bis ins kleinste Detail vollständig sein und jedes Praktikum nennen. Es geht wie bei allem auf Ihrer Website darum, Ihre Positionierung zu unterstützen und Kunden von sich zu überzeugen.

Blog, Podcast und Newsletter

Falls Sie bloggen oder einen Podcast zu Ihrem Thema betreiben, ist dies eine gute Möglichkeit, Ihr Expertenwissen darzustellen. Binden Sie den Blog oder Podcast auf Ihrer Website ein. Vermeiden Sie es aber, zu weit von Ihren Vortragsthemen abzudriften. Mit einem Newsletter können Sie an die E-Mail-Adresse der potenziellen Kunden kommen und sich regelmäßig in Erinnerung rufen. Haben Sie besondere Erfolge und mehr Werte vorzuweisen, bekommen die Veranstalter dies über den Newsletter mit.

Bücher und aktuelle Medienpräsenz

Buchveröffentlichungen, eigene Fachartikel oder Kolumnen sind ebenfalls Belege für Ihren Expertenstatus. Das ist ein wichtiges Argument für potenzielle Kunden, Sie zu buchen. Fast jeder Keynote Speaker hat das Ziel, Bücher oder Artikel zu veröffentlichen. Sehen Sie sie in erster Linie nicht als Mittel, um Geld zu verdienen, sondern als Marketing-Maßnahmen. Vor allem Bücher können Ihre Karriere richtig voranbringen. So war es auch bei mir. Erst durch meine Bücher habe ich den Schritt zum Profi-Speaker machen können. Weil dieses Thema so komplex und wichtig ist, gibt es auch hierzu einen eigenen Abschnitt (siehe Seite 157).

Anstehende Events

Viele Keynote Speaker zeigen auf ihrer Website, wo sie demnächst auftreten werden, ganz ähnlich wie Comedians, Bands oder DJs. Bei öffentlichen Events wie Wissensforen, Veranstaltungen wie den GEDANKENtanken-Rednernächten oder frei zugänglichen Konferenzen wie der re:publica, für die jeder ein Ticket kaufen kann, macht das durchaus Sinn. Es gibt auch Speaker, die zukünftige Termine von geschlossenen Firmenveranstaltungen auf ihrer Webseite haben. Sie wollen zeigen, dass sie wahnsinnig viel gebucht werden und ständig unterwegs sind. Eine solche Liste mit anstehenden »Tournee«-Stationen lohnt sich nur, wenn Sie wirklich regelmäßig auftreten. Es wirkt unprofessionell und nicht gerade einladend, wenn keine oder nur wenige zukünftige Veranstaltungen zu sehen sind.

Social Media

Über sogenannte Widgets haben Sie die Möglichkeit, Ihre Social-Media-Aktivitäten bei Twitter, Instagram oder anderen Kanälen ohne zusätzlichen Aufwand direkt auf Ihrer Website einzubinden. Auch die im noch folgenden Kapitel »Wie Sie zu Ihrer Website kommen« vorgestellten Tools erlauben dies.

Shop und/oder Download-Bereich

Sie können einen Download-Bereich für Presse und Veranstalter mit Medien einrichten, die Journalisten und den zuständigen Mitarbeitern die Arbeit erleichtern. Dazu zählen hochauflösende, printfähige Fotos sowie Presse- und Ankündigungstexte, ein ausführliches Speaker-Profil (siehe Seite 184), eben alles, was zu einem EPK (Electronic Press Kit) gehört. All das können Sie auch direkt an Kunden und Presse geben. Vor allem am Anfang Ihrer Karriere brauchen Sie einen solchen Download-Bereich nicht. Dann ist es besser, persönliche Kontakte aufzubauen und zu pflegen. Je mehr Veranstalter und Journalisten Sie persönlich kennenlernen, desto besser.

Ein Downloadbereich oder »Shop« für Zuschauer Ihrer Auftritte lohnt sich ebenfalls erst, wenn Sie bereits eine gewisse Bekanntheit haben. Denn von selbst verirrt sich ja niemand auf Ihrer Website. Gerne gesehen sind kostenlose Downloads mit eigens geschriebenen Artikeln zu Ihren Themen, Exzerpte aus Büchern oder Bonusmaterial zu Ihren Veröffentlichungen.

Natürlich können Sie auch kostenpflichtige Downloads wie E-Books und Hörbücher oder physische Produkte wie DVDs oder Bücher in einem Shop anbieten. Erfolgreiche Speaker bieten auch Merchandising-Produkte an; so gibt es eine Plüschfigur von »Günter der innere Schweinehund« oder Baseball-Caps. Auch das lohnt sich erst, wenn begeisterte Zuschauer Ihre Website besuchen. Überlegen Sie sich aber, ob es sich wirklich lohnt, einen eigenen Shop zu betreiben. Je mehr Sie machen, desto mehr Aufwand bedeutet die Pflege. Ein Shop bedeutet, Richtlinien zum Zahlungsverkehr zu beachten, die Allgemeinen Geschäftsbedingungen anzupassen und bei Problemen sofort zu reagieren. Im Zweifel nutzen Sie lieber Links zu Online-Händlern wie Amazon, wo Sie übrigens auch eigene E-Books und sogar Print-Bücher, die Sie ohne Verlag veröffentlichen, verkaufen können. Durch die Teilnahme am Amazon-Partnerprogramm können Sie in geringem Maß sogar zusätzlich an einem Verkauf partizipieren. Gelangt ein Kunde über

Ihren Link zu Amazon und kauft dann Produkte, bekommen Sie zum Beispiel für Bücher 7 und für E-Books 10 Prozent Provision. Kauft der Kunde während dieser Session noch andere Produkte – egal ob Unterhaltungselektronik, Sportartikel oder Kleidung – bekommen Sie ebenfalls eine Provision.[27].

Überhaupt sind viele der eben genannten Elemente mit Aufwand verbunden. Falls Sie diesen nicht leisten wollen oder aus zeitlichen Gründen nicht leisten können, lassen Sie die Finger davon. Die Essentials reichen völlig aus, um eine professionelle, verkaufsfördernde Webpräsenz als Keynote Speaker aufzubauen.

Die Gestaltung der Website

Für den konkreten Aufbau Ihrer Website und die Reihenfolge der Elemente gibt es kein Patentrezept. Es lohnt sich auch, wenn Sie sich ein wenig Zeit nehmen und die Websites von erfolgreichen Keynote Speakern anschauen und analysieren. Welche Elemente verwenden Ihre Lieblingsredner? Wie haben sie ihre Seite aufgebaut? Was gefällt Ihnen daran, was nicht? Versetzen Sie sich dabei in die Rolle der gestressten Marketingleiterin, die einen Speaker sucht: Welche Vorteile haben die unterschiedlichen Web-Auftritte für Besucher? Welche Seite macht es Kunden leicht, die Positionierung des Speakers sofort zu erkennen? Welchen Speaker würden Sie buchen, wenn Sie Veranstalter wären? Natürlich sollten Sie niemanden kopieren. Das wäre nicht nur moralisch verwerflich, Sie möchten ja selbst auch so einzigartig wie möglich sein, und Ihre Website soll das zeigen. Aber Sie bekommen wichtige Anregungen dafür, wie Sie Ihren eigenen Internet-Auftritt gestalten.

Auch das Design und Layout Ihrer Website sollte zu Ihrer Positionierung passen. Konservativ oder modern, emotional oder sachlich, aggressiv oder zurückhaltend – überlegen Sie, welchen Eindruck Sie vermitteln möchten. Eine Serifenschrift wirkt konservativer als eine

Schrift ohne Serifen. Rot ist aggressiver als Grün, das eher für Balance steht. Ein Keynote Speaker, der sich als »Hardselling-Experte« positioniert, würde für seine Website also kaum die Farbe Grün wählen. Das ist eher etwas für Themen wie »Umgang mit Stress« oder »Balance als Führungskraft«.

Farben und ihre Wirkung

Es gibt verschiedene Theorien zur Farbpsychologie, die Sie nutzen können, wenn Sie die Farben ihrer Website und Ihres »Corporate Designs« bestimmen. Eine gängige Interpretation für die Wirkung und Bedeutung von Farben ist folgende:

- **Rot:** Selbstbewusstsein, Stärke, Vitalität, Leidenschaft, Dynamik,
- **Blau:** Zufriedenheit, Ausgeglichenheit, Harmonie, Nachdenklichkeit, Bindung
- **Gelb:** Entfaltung, Neugier, Spontaneität, Offenheit, Erwartung, Kreativität
- **Grün:** Selbstachtung, Würde, Stabilität, Ausdauer, Autorität, Durchsetzungsvermögen, Autonomie
- **Pink:** Einfühlungsvermögen, Faszination, Charme, Hingabe, Geheimniskrämerei
- **Schwarz:** Leistungswillen, Unnahbarkeit, Ernst, Intoleranz, Auflehnung
- **Braun:** Genuss, Sinnlichkeit, Bequemlichkeit, Einfallslosigkeit
- **Grau:** Neutralität, Distanz, Gleichgültigkeit, Abschirmung[28]

Wenn Sie über die optische Gestaltung Ihrer Website nachdenken oder einen Grafiker damit beauftragen, denken Sie immer auch an alle anderen Medien und Materialen, die Sie als Keynote Speaker nutzen möchten, zum Beispiel Visitenkarten, Geschäftspapier, Broschüren, Cover von eigenen E-Books oder Hörbüchern und so weiter. Egal ob Print oder online, achten Sie auf ein einheitliches Erscheinungsbild, das wirkt professioneller. Aber auch hier der Hinweis: Seien Sie nicht zu perfektionistisch. Planen Sie sich nicht tot. Probieren Sie gerade am Anfang aus, was zu Ihnen passt, testen Sie die Wirkung auf Kunden, und verbessern Sie Ihren Auftritt immer weiter.

Wie Sie zu Ihrer Website kommen

Wie kommen Sie konkret zu Ihrer Website? Sie können einen Webdesigner mit der Umsetzung beauftragen, Ihnen eine Seite nach Ihren Vorstellungen zu bauen, oder Sie können sie selbst einrichten. (Nochmal: Falls das alles für Sie schon selbstverständlich ist, können Sie diesen Abschnitt natürlich gerne wieder überspringen.)

Beschäftigen Sie einen Dienstleister, sind zwei Dinge wichtig. Erstens: Nehmen Sie sich ausreichend Zeit für das Briefing und die Vorgespräche. Der Gestalter sollte Sie kennenlernen und sich mit Ihren Zielen beschäftigen. Die Positionierung liefert hierfür eine gute Grundlage. Ihr Webdesigner muss verstehen, was Sie mit Ihrer Website erreichen wollen und was wichtig ist. Es geht nicht allein darum, dass die Seite gut aussieht, es geht darum, für Auftritte gebucht zu werden. Gehen Sie gemeinsam die einzelnen Elemente durch und besprechen Sie, worauf es Ihnen ankommt. Zeigen Sie ein paar Seiten von erfolgreichen Speakern, die Sie selbst gut finden und besprechen Sie gemeinsam, was Sie daran überzeugt und was Sie besser machen möchten. Der Profi hat vielleicht einen ganz anderen Blick darauf als Sie bei Ihrer eigenen Analyse. Der zweite wichtige Punkt: Wenn Sie das Gefühl haben, der Webdesigner versteht, worauf es ankommt, dann machen Sie ihm keine Vorgaben. Lassen Sie dem Profi bei der Umsetzung, bei der Gestaltung und bei den technischen Mitteln Freiraum. Sie engagieren einen Experten, weil er es besser kann als Sie. Vertrauen Sie ihm oder ihr dann auch.

Die Kosten für die Gestaltung einer Website sind nach oben offen. Wenn Sie zwischen 500 und 1500 Euro dafür investieren, sollten Sie jedoch eine erste, professionelle Lösung bekommen. Dienstleister gibt es in jedem Ort. Kennen Sie Leute, die gute Erfahrungen mit lokalen Webdesignern gemacht haben? Sprechen Sie sie darauf an. Oder Sie nutzen die Angebote von Vermittlungsplattformen im Web, die neben freiberuflichen Kreativen auch andere Freelancer wie Web-Analysten oder Übersetzer vermitteln. Betreuung und Pflege kosten zusätzlich und der Preis ist abhängig davon, wie viel Sie ändern lassen.

Plattformen für freiberufliche Dienstleister

- 99designs (https://99designs.de):
  Wie der Name bereits sagt, konzentriert sich 99designs auf die Vermittlung von kreativen Dienstleistungen. Neben der klassischen Auftragsvergabe, bei dem der Designer nach Ihrem Briefing ein Angebot erstellt, gibt es eine interessante Variante: Sie schreiben einen Auftrag als Wettbewerb zu einem von Ihnen festgelegten Betrag aus, auf die sich die Designer bewerben. Das Design, das Ihnen am besten gefällt, erhält den Zuschlag. Ich habe die Plattform schon mehrfach genutzt, zum Beispiel wurde das Cover des Buches *Palmen in Castrop-Rauxel* von einem Designer aus Kanada gestaltet.
- Upwork (https://www.upwork.com):
  Upwork vermittelt Dienstleistungen in quasi allen Bereichen – von Webdesign über Buchhaltung bis zum Ghostwriting. Die Freelancer geben auf der Plattform ihren Stundensatz an und werden von der Community bewertet.
- Fiverr (https://fiverr.com):
  Bei Fiverr gibt es ein ähnlich breit gefächertes Angebot von Dienstleistungen wie bei Upwork. Bei der Auswahl der Freelancer können Sie Ihr Budget und den Zeitrahmen für die Umsetzung festlegen und es werden Ihnen passgenau Freelancer vorgeschlagen, die für Standardpakete mit unterschiedlichem Umfang ihre Preis-Range angegeben haben.

Sie können Ihre Website aber auch ganz ohne einen Webdesigner beziehungsweise ohne eigene Kenntnisse von HTML und Stylesheets aufbauen, und zwar mithilfe von Baukastensystemen wie Jimdo oder Wix oder dem Content-Management-System (abgekürzt: CMS) WordPress. Gerade für den Anfang ist das empfehlenswert. Zum einen ist es kostengünstig, und Sie können ohne großen Aufwand und ohne Zusatzkosten selbst testen, ob Ihre Website funktioniert. Sie legen sich damit nicht für alle Zeiten fest: Wenn Sie später wegen Ihrer Auftritte keine Zeit mehr haben, die Webseite zu pflegen oder sich weiter professionalisieren möchten, können Sie immer noch einen Dienstleister beauftragen, um Ihren Webauftritt zu analysieren und zu optimieren.

Wenn Sie es ausprobieren möchten, eines vorweg: Falls Sie Ihre Web-Präsenz selbst machen, sollten Sie auch ein Gefühl dafür haben, was ein gutes Layout ausmacht, welche Schrift lesbar ist, wann eine Vielzahl an Infos zu Unübersichtlichkeit führt. Wenn Sie damit Probleme haben, holen Sie sich besser Unterstützung. Wenn Sie keinen Spaß daran haben, ein Layout zu entwerfen, Fotos auf die passende Größe umzurechnen und mit den Gestaltungsmöglichkeiten ein wenig zu spielen, dann bringt es nichts, wenn Sie sich damit quälen. Selbst machen ist dann gut, wenn es Ihnen etwas bringt, professionelle Ergebnisse liefert und Sie auch ein bisschen Freude daran haben.

Baukastensysteme

Beim Baukastensystem können Sie – zum Beispiel bei Jimdo, mit dem ich zu Beginn meiner Karriere gearbeitet habe – aus vielen unterschiedlichen Website-Vorlagen die passende wählen und mit einem intuitiv bedienbaren Editor bearbeiten. So können Sie mit wenigen Mausklicks den Aufbau Ihrer Seite ändern oder ein Video von YouTube oder Vimeo einbinden. Es bietet Hilfestellung zu wichtigen Themen wie Suchmaschinenoptimierung, die auch für Laien sehr gut verständlich sind.

Die Pflege der Webseite ist bei Jimdo auch für Einsteiger sehr einfach zu bewältigen. Zusätzlich arbeitet Jimdo mit Freelancern und Agenturen zusammen, den »Jimdo Experts«. Diese Experten bieten von der Entwicklung eines Corporate Design über individuelles Coding alle möglichen Dienstleistungen an – sind allerdings ebenfalls kostenpflichtig.

Für Ihre Website kommt das Angebot »Jimdo Creator« in Frage. Das Einsteigerpaket ist kostenlos. Damit können Sie testen, ob Sie mit dem Baukastensystem gut zurechtkommen. Die kostenpflichtige Variante »Jimdo Pro« (5 Euro pro Monat) ist werbefrei, was für Ihr Vorhaben essenziell ist. Für eine professionelle Web-Präsenz empfiehlt sich mittelfristig aber das Paket »Jimdo Business« (15 Euro pro Monat). Es beinhaltet eine Suchmaschinenoptimierung, unbegrenzten Speicherplatz und eine unbegrenzte Bandbreite. Das ist wichtig, wenn Sie große Dateien integrieren und viele Besucher auf die Website locken. Der Webspace ist in den Kosten enthalten; für den Domainnamen zahlen Sie nach der ersten Vertragslaufzeit 20 Euro pro Jahr, ähnlich ist es bei Wix und anderen Anbietern.

Baukastensysteme für Ihre Website

Baukastensysteme für Ihre Website bieten zum Beispiel folgende Firmen an:

- Jimdo (https://www.jimdo.de)
- Wix (https://www.wix.com)
- Weebly (https://www.weebly.com)
- Webnode (https://de.webnode.com)

Vergleiche von Kosten und Testberichte zu den gängigen deutschsprachigen Web-Baukasten-Anbietern finden Sie leicht im Web, zum Beispiel hier: https://www.websitebuilder-test.com/homepage-kosten

Auch Webhosting-Firmen wie Strato oder 1&1 haben Baukastensysteme im Angebot; sie bieten aber keine kostenlose Testversion und sind zum Teil teurer.

WordPress

WordPress ist das erfolgreichste Publishing-System der Welt. Ursprünglich als Blog-Software konzipiert, können Sie mit WordPress heute eine professionelle und ansprechende Website mit allen Features, die Sie für Ihre Vermarktung brauchen, erstellen. Sie müssen dafür keine HTML- oder PHP-Programmiersprache lernen.

Für WordPress gibt es eine unendlich große Auswahl an Vorlagen, die »Themes« genannt werden, darunter auch viele kostenlose, die die wichtigsten Features beinhalten. Profi-Themes bieten noch mehr Gestaltungsmöglichkeiten, umfangreichere und leichtere Möglichkeiten zur Bedienung und vor allem einen Support durch den Hersteller. Durch leicht zu installierende Plugins – auch hier sind sehr viele kostenlos – haben Sie noch mehr Möglichkeiten in Sachen Gestaltung oder Suchmaschinenoptimierung.

WordPress-Themes

Viele kostenlose WordPress-Themes können Sie direkt bei WordPress auswählen. Eine gute Übersicht mit 50 000 kostenpflichtigen und teilweise freien Themes, die man u. a. nach Datum, Beliebtheit, Zweck, Funktionen und tatsächlichen Verkaufszahlen filtern kann, gibt es zum Beispiel bei Theme Forest (www.themeforest.net) oder Elegant Themes (www.elegantthemes.com). Die meisten Profi-Themes kosten einmalig um die 50 Euro. Was sie bieten, können Sie sich vorher per »Live Demo« an einem fiktiven Beispiel anschauen.

Es gibt Leute, die intuitiv mit WordPress umgehen und sofort damit arbeiten können. Doch das trifft auf die meisten nicht zu. Engagieren Sie im Zweifel einen Techniker, der am Anfang Ihre Website aufbaut. Die Pflege selbst – neue Fotos und Videos einbinden oder Texte ändern – ist allerdings keine Raketenwissenschaft. Das können Sie selbst übernehmen.

Die Nutzung von WordPress selbst ist kostenlos. Anders als bei einem Baukastensystem müssen Sie jedoch ein Paket bei einem Webhoster nutzen, am besten bei einem, der WordPress featured, das macht Ihnen das Leben leichter. So können Sie WordPress mit einer Ein-Klick Installation nutzen. Beliebte Webhosting-Firmen sind Host Europe, Alfahosting, 1&1, Strato oder united-domains. Gebühren für ein bis drei Domainnamen sind in den meisten Hosting-Angeboten inbegriffen, weitere Domains, von denen Sie auf Ihre Hauptseite umleiten, kosten extra.

Der Hauptunterschied zwischen WordPress und einem Baukastensystem, wie zum Beispiel Jimdo, lässt sich einfach zusammenfassen: Ein Baukasten ist einfacher zu bedienen und zu verwalten, WordPress bietet mehr Möglichkeiten.

Der Domain-Name Ihrer Website

Als Keynote Speaker vermarkten Sie sich selbst. Ihre Positionierung ist um Sie herum aufgebaut und erst im zweiten Schritt um Ihre konkreten Vortragsthemen. Sie wollen bekannter werden, am besten sogar zu einer echten Marke. Es ist also logisch, dass Ihr eigener Name der ideale Name für Ihre Website ist, und nicht etwa eines Ihrer Vortragsthemen.

Meine Website hat den Domain-Namen felixploetz.com. Ich habe mir gleichzeitig auch die Rechte an felixploetz.de gesichert – und zudem die Schreibweise mit dem Umlaut »ö«, felixplötz.com. Wer diese

Adressen eingibt, wird dann auf meine Hauptseite mit der com-Adresse umgeleitet. Wenn diese sogenannten Top-Level-Domains verfügbar sind, sichern Sie sich am besten auch alle. Somit ist ausgeschlossen, dass irgendwann ein Namensvetter von Ihnen die Adresse besetzt und Sie verwechselt werden. Für Ihr Speaker-Geschäft wäre es zum Beispiel abträglich, wenn sie mit jemandem verwechselt werden, der eine Seite unter demselben Namen wie Sie betreibt und dort Erotikfotos anbietet oder für eine extremistische Partei wirbt. Neben com- und de-Adressen gibt es noch viele weitere, etwa .net, .tv oder neuerdings auch Endungen wie .day, .shop oder .energy. Ungewöhnliche Domains können Sie von anderen abheben, gleichzeitig wirken solche Endungen aber weniger wertig und manchmal sogar unseriös. Und nicht zu vergessen: Wer Sie auf gut Glück im Netz sucht, wird Sie entweder googeln oder es erst einmal mit den beiden »Klassikern« versuchen: .com und .de. Welche dieser beiden Top-Level-Domains ist besser? Die com-Adresse lässt Ihnen die Möglichkeit, auch den internationalen Markt zu bespielen. Selbst wenn Sie das im Moment nicht planen: Halten Sie sich diese Möglichkeit offen.

Ein Alternative zum oben genannten Vorschlag ist es, Vor- und Nachname durch einen Bindestrich zu trennen, also felix-ploetz.com. Ich halte allerdings die Zusammenschreibung für intuitiver und leichter zu vermitteln. Wenn Sie nach Ihrer Web-Adresse gefragt werden, ist es angenehmer zu sagen »felixploetz com« als »felixploetz com mit Bindestrich vor ploetz« oder »Felix Bindestrich Plötz com«. Die meisten Menschen, die unter ihrem Namen ein Business betreiben, schreiben die Adresse zusammen.

Was aber, wenn Sie einen gängigen Namen wie zum Beispiel Thomas Müller haben und die Domains für Ihren Namen schon reserviert sind? Es gibt eine letzte Möglichkeit, um doch noch an die entsprechende Domain zu kommen. Viele Webseiten werden registriert, ohne je benutzt zu werden. Diese werden dann aktiv zum Verkauf gestellt und sind zum Beispiel bei SEDO (www.sedo.com) erhältlich. Die Kosten können allerdings beträchtlich sein: Der Durchschnittspreis einer com-Domain liegt etwa bei 2000 Euro, für de-Domains bei 1000 Euro. Manchmal lohnt es sich auch, den Inhaber einer nicht aktiv zum Verkauf gestellten Webseite zu kontaktieren und ihm ein Angebot zu machen. Gerade bei persönlichen Webseiten stehen die Chancen besser als bei rein kommerziellen, hier zu einem Deal zu kommen und den Namensvetter zum »Umzug« zu einer anderen Domain zu bewegen. Falls all diese Versuche, an Ihre Wunschdomain zu kommen, fehlschlagen, können Sie immer noch auf die oben beschriebenen neuen Domainendungen zurückgreifen oder eine Erweiterung überlegen, die den Fokus auf Ihre Tätigkeit als Speaker richten, so wie es beispielsweise mit »felix-ploetz-speaker.com« der Fall wäre. Was auf den ersten (und auch zweiten) Blick ziemlich unelegant wirkt, hat sogar Vorteile, wenn potenzielle Kunden Sie mit einer Suchmaschine finden wollen. Gerade wenn Sie einen Allerweltsnamen (Stichwort: Thomas Müller) haben, werden Sie leichter gefunden, wenn man neben Ihrem Namen noch den Begriff »Speaker« eingibt – was wahrscheinlich ist.

Sicher ist: Ihr Name sollte unbedingt in der Adresse vorkommen. Wählen Sie keinen Domainnamen wie zum Beispiel motivationsredner.de oder profispeaker.de. Damit schaffen Sie es nicht, zur Marke zu werden. Selbst wenn Sie bereits *der* Motivationsredner, die absolute Nummer eins auf Ihrem Gebiet wären, gäbe es einen deutlichen Nachteil: Sie wären durch den Domain-Namen erst einmal auf ein einziges Thema festgelegt.

Wie Sie an gute Fotos und Videos kommen

Es ist sehr wichtig, dass Sie auf Ihrer Website eindrucksvolle Fotos und überzeugende Auftrittsvideos von sich zeigen. Sie reichern Ihre Website mit Wert an und machen Sie attraktiver für Veranstalter.

Videos zu zeigen, ist heutzutage für einen Keynote Speaker Standard. Wenn Sie sich in einen Kunden hineinversetzen, wird klar: Der

Veranstalter hat ein enormes Risiko, wenn er einen Speaker einkauft – nicht nur finanzieller Natur. Die Gefahr ist, dass er jemanden auf die Bühne holt, der es einfach nicht kann oder nicht zum Anlass passt. Die geplante Wirkung auf das Publikum (Mitarbeiter, Kunden, Lieferanten oder Leute, die extra Eintritt zahlen) würde ins Gegenteil umschlagen. Ein Desaster. Ein überzeugendes Video gibt dem Kunden Sicherheit. Bieten Sie ihm diese Sicherheit.

Ist das Interesse eines Kunden geweckt, sollte er auf Ihrer Website sehen, dass Sie als Speaker überzeugen. Als Anreißer empfiehlt sich, wie schon gesagt, ein kurzer Trailer von 30 Sekunden bis maximal zwei Minuten und dazu mindestens ein Video von einem Ihrer Auftritte. Bieten Sie Vorträge in mehreren Sprachen an, dann sollten es mehrere Videos sein, die die Qualität Ihrer Performance in mehreren Sprachen belegen. Sie können ein Video leicht von YouTube oder Vimeo einbinden und zu diesem Zweck einen eigenen Channel bei einer der Plattformen einrichten.

Aber wie kommen Sie an gute Live-Videos und Live-Fotos? Ich habe zum Beispiel selbst schon Fotografen mit zu Veranstaltungen genommen und eigene Kameraleute gebucht. Das Problem bei Filmaufnahmen ist: Sie brauchen eigentlich ein ganzes Kamerateam, um einen Auftritt professionell aufzuzeichnen. Sonst wird der Clip am Ende statisch und langweilig. Eine einzige Kamera kann Sie auch nicht wirkungsvoll in Nahaufnahme einfangen. Ein Kamerateam ist teuer und muss auch von den Veranstaltern abgesegnet werden. Sie haben auch keinen Einfluss auf die Lichtverhältnisse oder die Akustik im Saal. Ich habe es einmal erlebt, dass der Vortrag in einem großen Festzelt stattfinden sollte. Nach der Bühne hatte ich mich im Vorfeld erkundigt und keine Zweifel, dass diese gut aussehen würde, als ich das Filmteam bestellt hatte. Doch womit ich nicht gerechnet hatte, war, dass der Holzfußboden im Zelt bei der kleinsten Bewegung im Saal anfing zu schwingen! Ich hatte also viel Geld in ein völlig verwackeltes Video investiert. Aber es gibt noch eine andere Quelle für gute Videos: Absolvieren Sie zunächst auch Auftritte, die vielleicht schlecht oder gar nicht bezahlt werden, dafür aber Möglichkeiten bieten, günstig an gutes Bild- und Videomaterial zu kommen – vor allem, wenn es sich dabei um eine coole Location handelt.

Als ich als Keynote Speaker begann, habe ich zum Beispiel jede Möglichkeit genutzt, um an aussagekräftige Fotos und Videos zu kommen. Wenn bei einer Anfrage das Budget nicht zu meinen Honorarvorstellungen passte, fragte ich, ob der Veranstalter einen professionellen Fotografen gebucht hat, um das Event zu dokumentieren. Anschließend habe ich Experten damit beauftragt, mir aus unterschiedlichem Bildmaterial einen Trailer zusammenzuschneiden. Es ist am Anfang völlig okay, wenn Sie weniger Honorar als geplant bekommen und dafür andere Leistungen wie Fotos oder Videos. Nutzen Sie diese Chance.

Es kommt auch relativ häufig vor, dass Unternehmen Filmaufnahmen von ihren Veranstaltungen anfertigen lassen. Und einige Veranstalter sind in Sachen Filmaufnahmen sehr professionell und setzen mehrere Kameras ein. Viele Keynote Speaker besuchen deshalb sehr gerne die GEDANKENtanken-Rednernächte. Die Filmaufnahmen sind extrem gut – es gibt bis zu sieben Kameras –, die Bühne ist atmosphärisch beleuchtet, und die Speaker werden toll in Szene gesetzt. Mein eigenes Lieblingsvideo stammt von einer solchen Rednernacht (Sie finden es leicht bei YouTube, indem Sie meinen Namen eingeben).

Falls Sie ganz am Anfang stehen und diese Möglichkeiten noch nicht nutzen können, empfehle ich Ihnen einen kleinen Trick: Suchen Sie ein Veranstaltungshotel mit einer eindrucksvollen Bühne und fragen Sie an, ob Sie diese nicht bei einem »Leerstand« gegen ein geringes Entgelt für Aufnahmen nutzen können. Sprechen Sie einfach vor dem leeren Saal. Das mag unkonventionell klingen, funktioniert aber super! Dass im Video kein Publikum zu sehen ist, ist erst mal gar nicht schlimm. Zwar gibt es kein Live-Feeling, keinen Applaus, keinen Schwenk ins Publikum, aber so zeigen Sie ganz genau, wie gut Sie Ihre Rede draufhaben, wie Sie performen und wie sicher Sie sich bewegen. Das ist eine Menge wert und wird nur noch getoppt von einem echten Live-Video. Auch Fotos können Sie bei dieser Gelegenheit anfertigen lassen.

Schaffen Sie auch das nicht, etwa aufgrund von Zeitmangel oder weil sich in Ihrer Nähe kein angemessenes Tagungshotel befindet, bleibt Ihnen noch die Möglichkeit, ein professionelles Foto- oder Videostudio zu nutzen. Lassen Sie Portraits von sich anfertigen und Fotos, die Sie in verschiedenen Posen vor einem neutralen Hintergrund oder auf einer imaginären Bühne zeigen. Hier gilt wie bei allem in puncto Außendarstellung: Die Fotos sollen Ihre Positionierung klarmachen. Tragen Sie beim Fotoshooting Ihr Bühnenoutfit, präsentieren Sie sich so, wie Sie es beim Auftritt tun oder geplant haben, ansonsten führen Sie potenzielle Kunden ungewollt in die Irre. Wer sich im Vorfeld mit Anzug und Krawatte präsentiert, wird beim Veranstalter für Stirnrunzeln sorgen, wenn er in Sneakers und T-Shirt die Bühne betritt.

Bewegte Bilder können Sie als Einsteiger auf ähnliche Weise herstellen lassen, indem Sie einen oder besser mehrere Kameraleute buchen und im Studio eine Aufnahme anfertigen lassen, in der Sie sich zum Beispiel vorstellen, Ihre Message und Ihre Story erzählen. Oder indem Sie sich von jemandem interviewen lassen. Solche Aufnahmen zeigen potenziellen Kunden schon einmal ein bisschen, wie Sie reden und sich präsentieren. Auch wenn Sie solche »gestellten« Videos nur als Einsteiger nutzen und später durch Live-Filme ersetzen, müssen sie professionell gefilmt und ausgeleuchtet sein, der Sound muss genauso gut sein wie der Schnitt.

Wie Sie ihre Website analysieren können

Wenn Sie Ihre Website aufgebaut haben und sie veröffentlichen, kann es wie bei jedem neuen Produkt sein, dass es irgendwo hakt. Aber es gibt Methoden, mit denen Sie ziemlich genau prüfen können, ob Ihre

Website und die einzelnen Elemente funktionieren. Ein erstes Feedback bekommen Sie zum Beispiel durch die reine Anzahl der Besucher Ihrer Web-Präsenz. Ein Beispiel: Wenn Sie durch Marketingmaßnahmen jeden Monat 1000 potenzielle Kunden auf Ihre Website bringen, und von diesen 1000 Leuten schreibt Sie dann keiner an, dann stimmt etwas nicht. Dann können Sie Alternativen ausprobieren: Optimieren Sie Ihre Texte, die Darstellung oder Ihre Positionierung. Dabei gehen Sie am besten zielgerichtet vor, indem Sie ein Web-Analyse-Tool wie Google Analytics nutzen.

Google Analytics ist ein mächtiges Tool, das das Verhalten der Besucher Ihrer Website analysiert. Es kann Ihnen wertvolle Hinweise geben, wie Sie Ihre Website und Ihren Content verbessern, damit Sie bei der Recherche mit einer Suchmaschine besser gefunden werden, damit mehr Besucher länger dort verweilen und damit letztlich auch mehr Veranstalter mit Anfragen für Vorträge an Sie herantreten. Ich selbst habe eine Agentur beauftragt, die ständig meinen Webauftritt analysiert und mir zeigt, was ich verbessern kann. Falls Sie nicht vom Fach sind, empfehle ich Ihnen, auch so vorzugehen und Profis ranzulassen. Damit Sie eine Ahnung davon bekommen, was ein Profi alles leisten kann, biete ich Ihnen einen kurzen Überblick.

Zu den wichtigsten Funktionen von Google Analytics gehört das Tracking: Es analysiert, von wo aus die Besucher auf Ihre Seite gelangt sind. Das ist spannend, weil es nicht nur zeigt, nach welchen Schlagworten potenzielle Kunden suchen, sondern auch Ihre Online-Werbeaktivitäten validiert. Gelangen die Kunden über eine Suchmaschine zu Ihnen? Wenn ja, nach welchen Begriffen haben Sie dort gesucht? Nach Ihrem Namen? Nach dem Begriff »Keynote Speaker«? Nach etwas anderem? Oder kamen sie durch Online-Werbung, durch einen Link in Ihrem Newsletter, durch ein YouTube-Video, über soziale Medien, auf denen Sie aktiv sind, zu Ihnen? Auf diese Weise können Sie sehr gut erkennen, welche Maßnahme wirkt und auf welche Sie getrost verzichten können.

Es gibt noch zahlreiche weitere Funktionen, zum Beispiel die folgenden:

- Mit dem sogenannten »A/B-Testing« können Sie zwei Varianten eines Elements auf Ihrer Website testen und herausfinden, welche Variante besser funktioniert. Zum Beispiel der Slogan: Beim A/B-Test wird der Traffic auf Ihrer Website aufgeteilt; die eine Hälfte gelangt zur Seite mit Slogan A, die andere zur sonst identischen Seite mit Slogan B. Der Besucher erfährt dies nicht. Sie können erkennen, was auf Ihrer Seite gesucht wird – durch eine sogenannte Heatmap, die darstellt, welche Bereiche besonders häufig angeklickt werden.

- Sie können überprüfen, ob dieser Bereich die Besucher zum Bleiben überzeugt – durch die Darstellung der Verweildauer auf den einzelnen Bereichen und Unterseiten.

- Die Absprungrate zeigt, wie oft die Besucher Ihre Seite ohne Interaktion verlassen, was ein Hinweis darauf sein kann, dass die Homepage nicht überzeugt, es keinen Eyecatcher gibt, das erste Foto oder der Claim lahm und uninteressant sind.

- Sie können sehen, ob Videos oder Podcasts überhaupt angeschaut werden oder ob der Weg dorthin zu mühsam oder unattraktiv ist.

- Sie können sogar erkennen, wie häufig Ihre Website vom Besucher zu seinen Favoriten hinzugefügt wurde oder ob bestimmte Inhalte wie Videos, Podcasts oder Blogs in sozialen Medien geteilt wurden. Dann hat die Seite höchstwahrscheinlich Interesse geweckt.

Was ich an Google Analytics schätze, ist, dass es die Realität zeigt. Es ist kein Test unter Laborbedingungen, und daher sind die Erkenntnisse auch so wertvoll. Diesen Service möchte ich nicht mehr missen und investiere gerne einige Euro für den Experten, der mich bei der Web-Analyse unterstützt.

Ich hoffe, dass ich Ihnen die Bedeutung der Website für Ihr Geschäftsmodell als Keynote Speaker verdeutlichen konnte. Sie haben Ihre Website gestaltet, Ihre Vortragsthemen beschrieben, Fotos und im Idealfall bereits ein Video oder einen Trailer eingebaut. Sie bieten potenziellen Kunden gut sichtbare Kontaktmöglichkeiten an. Sie haben schon eine ganze Menge geschafft. Jetzt ist es an der Zeit, die Veranstalter im Funnel auf Ihre Website zu ziehen.

6. Marketing – wie Sie Kunden gewinnen

Nachdem wir uns mit der zentralen Rolle der Website für das Geschäftsmodell eines Keynote Speakers beschäftigt haben, geht es jetzt um die Marketingkanäle, die – wie im Modell beschrieben – in den Funnel hineinführen und potenzielle Kunden auf Ihre Website leiten sollen. Die Betonung liegt dabei auf der Formulierung »potenzielle Kunden«. Ihr Ziel ist es nicht ausschließlich, maximalen Traffic zu erzeugen, sondern gezielt Ihre Zielgruppe als Keynote Speaker, also Veranstalter aus Unternehmen oder externe Event-Organisatoren, in Ihren Funnel zu ziehen. Die meisten klassischen Werbemittel wie Flyer im Briefkasten, Plakate, Bandenwerbung im Fußballstadion, TV-Werbung oder Anzeigen in Tageszeitungen sind dafür offensichtlich ungeeignet.

Den richtigen Weg zu seinen potenziellen Kunden zu finden, erfordert viel Kreativität. Es gibt viele unterschiedliche Kanäle, von Suchmaschinenmarketing über YouTube-Anzeigen bis zur Präsenz in sozialen Netzwerken. Einige dieser Kanäle werden Sie mit Sicherheit kennen. Ich möchte Ihnen gerne zeigen, wie Sie meiner Erfahrung nach für den Beruf Keynote Speaker funktionieren. Mit einigen Tools wie Online-Anzeigen werden Sie potenzielle Kunden sofort auf Ihre Website führen können, andere benötigen mehr Zeit, zum Beispiel Suchmaschinenoptimierung. Und manche sind langfristige Projekte, die auf Ihren Status als Speaker einzahlen, Ihre Bekanntheit steigern und auf Umwegen zum Erfolg führen. Ein Paradebeispiel dafür ist die Veröffentlichung eines Buches. Langfristiges Marketing ist keinesfalls überflüssig oder schlechter als kurzfristig wirksame Kanäle, für Ihren Karriereweg als professioneller Redner kann es sogar ganz entscheidend sein. Wichtig ist, dass Sie den richtigen Mix für sich finden.

Wenn Sie als Speaker gerade anfangen, kann ich Ihnen zwei Dinge raten, die auf den ersten Blick widersprüchlich erscheinen. Erstens: Probieren Sie aus, was für Sie funktioniert. Und zweitens: Probieren Sie nicht alles gleichzeitig aus. Was ich damit meine: Es lohnt sich, unterschiedliche Dinge an die Wand zu werfen, wenn Sie vorher nicht wissen, was im Gedächtnis bleibt. Es bringt aber wenig, wenn Sie gleich zu Beginn Ihrer Speaker-Karriere einen riesigen Marketing-Apparat in Gang setzen. Klar, Sie könnten zum Start versuchen, alle möglichen Kanäle gleichzeitig zu bedienen. Sie könnten sofort zehn Agenturen einschalten, um einen perfekt choreographierten Start als Redner hinzulegen. Darin liegt aber auch eine Gefahr: Wenn Sie Ihr Angebot mit großem Aufwand bis ins letzte Detail im stillen Kämmerlein planen, ausarbeiten und dann erst in die Welt treten, können Sie kalt erwischt werden. Denn es ist überhaupt nicht gesagt, dass diese Kanäle alle für Sie gut sind, und umsonst sind Sie auch nicht. Auch deshalb ist es wichtig, eigene Erfahrungen zu sammeln und organisch zu wachsen. Also: Verzetteln Sie sich nicht, und setzen Sie sich nicht unter Druck, alles gleichzeitig machen zu müssen. Sie müssen kein Vermögen investieren, um zum Start Kunden zu gewinnen.

Die für Keynote Speaker relevantesten Marketing-Tools stelle ich Ihnen nun vor.

Suchmaschinenmarketing

Suchmaschinenmarketing ist ein sehr wichtiger Kanal für Keynote Speaker. Erinnern Sie sich an das Beispiel mit der Marketingleiterin: Sie googelt, um die passenden Redner für eine Veranstaltung zu finden. Und genauso machen es die meisten anderen auch. Eigentlich bezeichnet dieser Begriff gleich zwei Kanäle: Suchmaschinenoptimierung (»Search Engine Optimization«), kurz SEO genannt, und die Suchmaschinenwerbung (»Search Engine Advertising«), kurz SEA genannt.

Mit Suchmaschinenoptimierung schaffen Sie es, dass Ihre Website als organischer Treffer oben erscheint, wenn Google, Bing und Co. Ergebnisse zu Suchanfragen wie »Keynote Speaker« oder »Vortragsredner« ausspucken. Es gibt Speaker, die das sehr erfolgreich machen. Das erreichen Sie durch die Art, wie Sie Ihren Webcontent bauen, was mit einem erheblichen Aufwand verbunden ist. Als Laie macht es keinen Sinn, sich da alleine heranzutrauen. Wollen Sie diesen Kanal nutzen, brauchen Sie auf jeden Fall die Unterstützung einer versierten Agentur. Wird SEO richtig genutzt, ist es ein sehr starkes Tool, um potenzielle Kunden auf Ihre Website zu bringen. Für Anfänger hat die Methode aber einen Nachteil: Sie kommt nur langsam ins Rollen. Es liegt in der Natur der Sache, dass es selbst bei optimiertem Content recht lange dauert, bis Ihre Website tatsächlich oben in der Trefferliste erscheint. Es spielt auch eine Rolle, wie lange die Internetadresse schon registriert ist und wie häufig sie genutzt wird. Gerade als Anfänger wollen Sie aber sofort für potenzielle Kunden sichtbar werden.

Das erreichen Sie sehr gut mit Suchmaschinenwerbung, konkret: Google Ads. Weil Google die mit Abstand meistgenutzte Suchmaschine ist, lohnt es sich für Sie, dort Anzeigen zu schalten. Über 90 Prozent der Deutschen nutzen bei der Suche von einem Desktop-Computer Google, bei der mobilen Suche sind es 98 Prozent.[29]

Das Werbesystem Google Ads war bis Mitte 2018 noch unter dem Namen AdWords bekannt. Sie wissen wahrscheinlich, wie es funktioniert: Die Anzeige mit Ihrer Website wird angezeigt, wenn Nutzer von Google bestimmte Keywords oder Kombinationen in die Suchmaschine eingeben. Versetzen Sie sich in die Lage von Veranstaltern, ist eigentlich klar, nach welchen Begriffen sie dabei suchen: Speaker, Redner, Keynote, Referent oder Vortrag. Zu diesen Überbegriffen werden zusätzlich häufig das Thema, das beim Event im Mittelpunkt steht, oder die bei der Positionierung schon angesprochenen Kategorien wie Führung, Motivation, Innovation, Rhetorik und so weiter eingegeben. Eine Ihrer wichtigsten Aufgaben bei Google Ads ist es, die für Sie passenden Keywords und Keyword-Kombinationen zu bestimmen und bei den Suchanfragen Ihrer Zielgruppe präsent zu sein. Erfüllt Ihre Anzeige genau die Ergebniserwartung des Suchenden, wird sie nicht als nervige Werbung, sondern als hilfreicher Service empfunden.

Kosten für Google Ads

Google Ads (https://ads.google.com/intl/de_DE/home) funktioniert nach dem Pay-per-Click-Prinzip. Das heißt, es entstehen Ihnen lediglich dann Kosten, wenn jemand tatsächlich auf die Anzeige klickt und auf Ihre Seite weitergeleitet wird. Für die bloße Einblendung der Anzeige, meist über oder neben der Suchergebnisliste, zahlen Sie nichts. Was Sie konkret für einen Klick bezahlen, hängt vom Wettbewerb für das jeweilige Keyword ab. Wer mehr zahlt als der Konkurrent, wird weiter oben angezeigt. Ein Beispiel mit zwei Wettbewerbern: Sie wählen für Ihr Keyword einen maximalen Klickpreis von 50 Cent, der Konkurrent nur 30 Cent. Das bedeutet, Ihre Anzeige wird vor der des Konkurrenten gelistet. Das Gute ist: Am Ende zahlen Sie auch nur diese 31 Cent, die nötig sind, um über Ihrem Konkurrenten angezeigt werden zu können.

Die Kosten können zwischen einigen Cents bis hin zu 10 oder 20 Euro pro Klick variieren. Dabei spielt nicht nur der Wettbewerb um Ihre favorisierten Keywords eine große Rolle, sondern auch der Qualitätsfaktor Ihrer Webseite. Je nutzwertiger Ihre Seite für die Suchenden ist, desto höher dieser Faktor und desto besser und günstiger die Positionierung Ihrer Anzeigen. Auch hier zeigt sich, wie wichtig Ihre Positionierung und eine entsprechend eindeutige und kundenfokussierte Darstellung auf Ihrer Webseite sind. Bevor Sie eine Kampagne starten, bietet Google Ihnen mit dem »Keyword Planner« eine gute Möglichkeit, um die Kosten der Klicks und das voraussichtliche Suchvolumen abzuschätzen.

Übrigens spendiert Google jedem Neukunden einen Gutschein über 75 Euro, wenn dieser selbst 25 Euro einzahlt. Es ist also nicht teuer, die ersten Schritte mit diesem Werbe-Tool zu gehen. Aber letztlich braucht es Erfahrung oder Expertenrat, um eine angemessene und wirkungsvolle Google-Ads-Strategie zu entwickeln.

Sie können auch negative Keywords nennen, bei denen die Anzeige nicht eingeblendet wird, wie zum Beispiel »Trainer« oder »Coach«, wenn Sie ausschließlich als Redner unterwegs sind und keine Trainings oder Coachings in Ihrem Expertengebiet anbieten. So verhindern Sie nämlich, gefunden zu werden, wenn jemand eigentlich einen Trainer oder Coach sucht. Diese Leute sind zwar nicht uninteressant, aber nicht Ihre primäre Zielgruppe. Und da Sie pro Klick auf Ihre Anzeige bezahlen, kosten eben auch solche Blindgänger und bringen Ihnen keine Kunden. Kostet Sie zum Beispiel ein Klick 3 Euro, und im Schnitt kommt nur über jeden hundertsten Besucher Ihrer Website eine Anfrage, dann kostet Sie dieser Kanal 300 Euro, um überhaupt in ein Verkaufsgespräch zu kommen. Und da meiner Erfahrung nach nur jede vierte oder fünfte Anfrage einen echten Auftrag generiert, hätten Sie bereits 1200 oder 1500 Euro investiert, um einen Auftrag zu erhalten. Sie können zwar beim Erstellen Ihrer Anzeige angeben, welchen Betrag Sie durchschnittlich pro Tag ausgeben möchten (der Wert wird dann auf einen Monat hochgerechnet). Aber je genauer eine Anzeige Ihre Zielgruppe trifft, desto besser ist das Kosten-Nutzen-Verhältnis des Werbe-Tools Google Ads.

Es gibt bei Google noch mehr Optionen für Anzeigen, zum Beispiel eine Einschränkung auf bestimmte Regionen – Sie können Ihre Anzeigen auf den deutschsprachigen Raum einschränken – oder auf bestimmte Geräte. Ich selbst mache zum Beispiel keine Werbung auf mobilen Endgeräten. Denn ich gehe davon aus, dass bei der Recherche nach Speakern in den allermeisten Fällen ein Bürorechner genutzt wird und nicht ein Handy oder ein Tablet.

Um Google Ads als Marketingkanal optimal zu nutzen, empfehle ich Ihnen eine Agentur, die die Werbung betreut, Anzeigentexte schreibt und dauerhaft optimiert. Denn es braucht Zeit und Erfahrung, um die Möglichkeiten voll zu Ihrem Vorteil auszuschöpfen. Gelingt Ihnen das, sind Google-Ads-Anzeigen wirklich ein starker Kanal, um potenzielle Kunden in Ihren Funnel zu ziehen. Und zwei Riesenvorteile gegenüber anderen Maßnahmen möchte ich noch einmal herausstellen:

Zum einen sind potenzielle Kunden nicht gleich potenzielle Kunden. Wer bei Google nach einem »Speaker Empathie Managementmeeting Berlin« sucht, hat allerdings ein ganz konkretes Kaufinteresse. Dies ist ein sehr wertvoller »potenzieller Kunde«. Der zweite große Vorteil ist, dass die Anzeigen Ihre Wirkung sofort entfalten. Sie nehmen heute Geld in die Hand und können das Ergebnis unmittelbar sehen. Sobald Ihre Anzeige geschaltet wird, können Kunden Sie buchen.

Suchmaschinenoptimierung und Suchmaschinenwerbung sind starke Tools für einen Speaker. Ich habe keinen großen Aufwand mit SEO betrieben, meine Website erscheint bei der Google-Suche nicht organisch auf einem der ersten Plätze, wenn man nach dem Keyword »Keynote Speaker« sucht. Ich nutze von Anfang an Google Ads, und das mit Erfolg. Beide Kanäle sind aber extrem mächtig, um die Entscheider in den Unternehmen in Ihren Funnel zu ziehen.

YouTube

Mit Videoanzeigen auf YouTube können Sie zwei Dinge hervorragend erreichen: Sie können sich als Redner bekannter machen und Interessierte direkt auf Ihre Website leiten. Dafür gibt es verschiedene Werbeformate. Drei sehr populäre stelle ich Ihnen vor.

Sogenannte Bumper-Anzeigen werden vor, während oder nach der Wiedergabe eines anderen Videos eingeblendet. Sie dauern maximal sechs Sekunden und sind nicht überspringbar. Abgerechnet wird pro 1000 Impressions, also wenn die Anzeige 1000-mal gezeigt wird (nicht zu verwechseln mit Pay-per-Click!). Solche kurzen Videos haben erst einmal die Aufgabe, auf Sie aufmerksam zu machen. Wenn Sie Ihre Zielgruppe für das Video bei YouTube genau definieren, dann wird nach einigen Einspielungen bei derselben Zielperson Ihr Gesicht bekannt werden. Es geht wie bei der Einführung jedes neuen Produktes darum, dass Sie sich überhaupt erst einmal sichtbar machen. Sie zeigen, dass es Sie gibt und wollen sich ins Unterbewusstsein potenzieller Kunden schießen. Im Idealfall klickt jemand darauf und gelangt zu Ihrer Website.

Überspringbare Videoanzeigen werden ebenfalls vor, während oder nach einem anderen Video angezeigt. Im Gegensatz zu Bumper-Anzeigen kann der Nutzer jedoch nach fünf Sekunden entscheiden, ob er sich das Video weiter ansehen oder es überspringen möchte. Bezahlen müssen Sie nur, wenn sich jemand die Anzeige mindestens 30 Sekunden lang anschaut oder, falls sie kürzer ist, bis zu ihrem Ende. Dieses Format hat primär eine Doppelfunktion: Awareness schaffen wie eine Bumper-Anzeige und – falls das Video angeschaut wird – Sie und Ihren aktuellen Vortrag erlebbar machen.

Display-Anzeigen erscheinen rechts neben vorher von Ihnen definierten anderen YouTube-Videos, auf der YouTube-Startseite oder bei YouTube-Suchergebnissen. Kosten entstehen für Sie, wenn jemand auf die Anzeige klickt und sich das Video anschaut. Die Chance, dass sich jemand dafür interessiert, steigt natürlich, wenn diese Person schon einige Male Ihr sechssekündiges Video gesehen hat und ihr daran etwas gefallen hat. Solche längeren Videos haben tatsächlich die Aufgabe, Leute auf Ihre Website zu holen. Dazu wird während des Videos und seinem Ende ein Hinweis (zum Beispiel: »Jetzt Speaker X buchen«) mit einem Link eingeblendet, der in Ihren Funnel führt.

Bei YouTube können Sie sehr genau bestimmen, wem Ihre Anzeigen eingeblendet werden sollen. Sie können Ihre Zielgruppe als Keynote Speaker sehr granular bestimmen. Und weil YouTube zu Google gehört, geht das sogar über die Verbindung mit Google Ads und Google Analytics. Ein Beispiel: Wer die Videos eines bestimmten anderen Speakers anschaut, in der DACH-Region sitzt und sich ansonsten auch für Ihr Expertenthema interessiert (das weiß Google), sieht Ihre Video-Werbung. Oder Sie adressieren Leute, die TED-Talks gut finden oder sich auch Videos von GEDANKENtanken-Rednernächten und anderen populären Formaten anschauen. Die Verknüpfung geht auch umgekehrt. Leute, die sich Ihr Video angeschaut haben, können Sie über die Google Ads noch einmal anders adressieren. Gerade die Verknüpfung der verschiedenen Kanäle ist für Keynote Speaker sehr effektiv, aber als Laie auch nicht so leicht herzustellen. Deswegen habe ich einen Experten engagiert, der meine Google-Ads- und YouTube-Aktivitäten steuert und koordiniert.

Für YouTube-Anzeigen benötigen Sie andere Videos als die bloße Aufzeichnung eines Auftritts. Bei Bumper-Anzeigen oder überspringbaren Videos sind die ersten fünf beziehungsweise sechs Sekunden entscheidend. Sie müssen sofort zünden. Sie brauchen schon einen besonderen Hingucker, damit jemand nach solch kurzer Zeit motiviert wird, weiterzuschauen oder auf Ihre Website zu wechseln. Denken Sie dabei an einen Werbespot im Fernsehen. Sie brauchen schnelle Schnitte, Emotionen, knackige Musik und vor allem auch eine Story, die innerhalb dieser kurzen Zeit transportiert wird. Was ich bei meinen Videos außerdem mache: Ich habe den Namen meiner Website oben rechts oder links in das Video integriert, so wie das Logo von Fernsehsendern. So hat jeder, der sich ein Video anschaut, den Namen meiner Website präsent.

YouTube hat noch einen weiteren Nutzen für Sie. Videos von Ihren Auftritten belegen die Qualität Ihrer Performance als Redner und erhöhen Ihre Sichtbarkeit und Bekanntheit. Sie wirken sich auf diese Weise, wenn auch auf indirektem Weg, positiv auf Ihre Speaker-Tätigkeit aus. Der Effekt steigert sich, wenn diese Videos in sozialen Medien geteilt werden. Ein extremes Beispiel für die Reichweite eines Videos ist die Rede »How great leaders inspire action«[30] des Keynote Speakers Simon Sinek. In zehn Jahren wurde es über 42 Millionen Mal (!) angesehen und es gehört zu den Top 5 der populärsten TED-Videos überhaupt. Oder vielleicht kennen Sie die Rede der Kognitionswissenschaftlerin Lera Boroditsky, die zum Thema hatte, wie Sprache unsere Art zu Denken formt?[31] Innerhalb eines Jahres bekam dieses Video knapp 6 Millionen Views. Es spielt keine Rolle, dass diese Reden auf dem YouTube-Kanal von TED liefen;

beide Speaker hielten diese Rede in anderer Form auch zig andere Male. Was ich damit sagen will: Das Video einer Rede kann richtig, richtig erfolgreich werden. Auch wenn die Reichweite geringer ist als bei TED-Talks.

Soziale Netzwerke

Soziale Netzwerke sind ein mittlerweile anerkannter und in manchen Branchen unverzichtbarer Kanal, um Kunden auf sich aufmerksam zu machen und sie an sich zu binden. Auch manche Speaker bedienen sich aller verfügbaren Plattformen und posten dort Fotos von jedem Auftritt, von ihren Fans und von allen möglichen anderen Aktivitäten. Falls Ihnen das Spaß macht und Sie auch schon heute privat oder beruflich in den Netzwerken aktiv sind, kann ich Ihnen nur empfehlen, dies auch als Redner fortzusetzen und gegebenenfalls noch weitere Kanäle hinzuzunehmen. Ich persönlich mache das nicht. Auch wenn – und vielleicht auch gerade weil – ich einen Influencer-Verlag gegründet und aufgebaut habe, weiß ich, wie viel Arbeit in solchen Kanälen steckt. XING, LinkedIn, Facebook, Twitter, Instagram, Snapchat, YouTube – alle Kanäle zu bedienen, kommt einem Fulltime-Job gleich, da nützt auch eine PR-Agentur nur begrenzt etwas. Daher lautet meine Message: Auch Sie müssen nicht auf jeder Plattform aktiv sein, insbesondere dann nicht, wenn Ihre Kunden Entscheider in Unternehmen sind und nicht die (selbst zahlenden) Besucher öffentlicher Veranstaltungen. Konzentrieren Sie sich auf die Netzwerke, die Ihre Kunden nutzen und die Ihnen (nachweislich!) Nutzen bringen. Nicht jeder Fan oder Follower und nicht jedes Like oder Herz bedeutet auch einen zahlenden Kunden. Und ein aus Zeitgründen eher schlecht als recht gepflegtes Profil schadet eher, als dass es nutzt. Das vorausgeschickt, möchte ich Ihnen dennoch einen Überblick über die für mich wichtigsten Kanäle geben.

XING und LinkedIn

Die virtuellen Business-Netzwerke XING und LinkedIn haben in der Fülle der sozialen Netzwerke eine Sonderstellung, denn sie verknüpfen nicht nur Menschen miteinander, sondern funktionieren vor allem wie Suchmaschinen! Viele Besucher meiner Profile sind Veranstalter, die nach einem Keynote Speaker mit einem besonderen Themenspektrum oder mit einem bestimmten Profil recherchiert haben. Ganz ähnlich wie bei Google, geben also potenzielle Kunden auch bei XING und LinkedIn Stichworte ein. Sie als Speaker hinterlegen ebenfalls Stichworte zu Ihren Themen und natürlich zu Ihrem Beruf als Speaker. Passen die Begriffe, werden Sie dem Suchenden angezeigt. Ihr Profil können Sie öffentlich machen, sodass auch Menschen, die nicht dort registriert sind, Sie bei einer Google-Recherche finden können.

Wenn Sie Ihre Positionierung geklärt und Ihre Website bereits gebaut haben, dann ist es kein großer Aufwand, ein Profil zu erstellen. Im Grunde bildet es einen Teil des Inhaltes Ihrer Website im Kleinen ab. Sie müssen nicht bis ins letzte Detail gehen, schließlich ist es Ihr Ziel, dass potenzielle Kunden Sie auf XING oder LinkedIn finden und dann Ihre Website besuchen. Sie wollen Sie »in den Trichter ziehen«.

Beide Plattformen funktionieren ähnlich. Nehmen wir als Beispiel XING: Wenn Sie sich dort registriert haben, wählen Sie unbedingt die kostenpflichtige Premium-Mitgliedschaft, sonst wirken Sie unprofessionell. Besucher Ihres Profils sehen, ob Sie diese Variante gewählt haben, sie unterscheidet sich von der kostenlosen Mitgliedschaft unter anderem dadurch, dass keine Werbung gezeigt wird.

Überlegen Sie dann, nach welchen Begriffen Veranstalter suchen, wenn Sie Keynote Speaker recherchieren. Sie können in der Rubrik »Ich biete« drei sogenannte Top-Fähigkeiten angeben. Es empfiehlt sich, hier erst einmal die Keywords anzugeben, die Sie als Redner identifizieren, zum Beispiel Keynote-Vorträge, Keynote Speaker,

Vortragsredner oder ähnliche. Bei den weiteren Fähigkeiten können Sie weitere allgemeine Begriffe wie Keynote, Vortrag, Redner, Referent oder Speaker nennen, und dazu noch unterschiedliche Kombinationen wie zum Beispiel Business-Speaker, Keynote-Speech, Impulsvorträge und so weiter. Und natürlich nennen Sie Stichworte zu Ihren Vortragsthemen. Bei mir sind das Begriffe wie »unternehmerisches Denken«, »Intrapreneurship« oder »Startup-Spirit«.

Die Rubrik »Ich suche« ist für Jobsuchende wunderbar (»eine neue berufliche Herausforderung« in einer bestimmten Branche«), für Profi-Speaker aber nicht besonders ergiebig: Wenn Sie Begriffe wie »Veranstalter« oder »Tagungen« nennen, bringt Ihnen das nicht unbedingt neue Kunden, und Sie wirken schnell wie ein Bittsteller, der händeringend Aufträge sucht. Sie suchen nicht, Sie wollen gefunden werden. Bei mir steht an dieser Stelle: »Bitte richten Sie Ihre Vortragsanfrage an mein Büro« zusammen mit meiner Telefonnummer und meiner E-Mail-Adresse, und zwar aus einem einfachen Grund: So sehen potenzielle Kunden schon auf der Profilseite meine Kontaktdaten. Sie müssen sich nicht woandershin klicken.

Ihr Portfolio können Sie aus Textmodulen, Fotos, Videos und PDFs (zum Beispiel als Nachweis Ihrer Expertise) zusammenstellen. Ich nutze dafür ausgewählte Texte und Fotos von meiner Website, zeige aber nicht zu viel. Auf Videos verzichte ich hier. Schließlich möchte ich Interessenten auf meine Website locken, die nach meinen Wünschen gestaltet ist und mich und meine Vortragsthemen bestmöglich darstellt. Dorthin gelangen die Besucher von XING in der Rubrik »Weitere Profile im Netz« – ebenso wie zu meinem Twitter-Profil.

In der Rubrik »Events« können Sie ausgewählte Veranstaltungen nennen, an denen Sie teilgenommen haben und die potenzielle Kunden interessieren könnten. Auch hier ist es sinnvoll, die ganze Bandbreite abzubilden, die Sie als Speaker abdecken: vom kleinen Firmenevent bis zu Veranstaltungen in großen Hallen mit einem breiten Publikum.

Seit einigen Jahren gibt es den Service »XING Coaches + Trainer«. Nutzen Sie ihn. Auch wenn Sie nicht als Coach oder Trainer unterwegs sind, so kann es dennoch vorkommen, dass potenzielle Kunden über XING nach Coaches und Speakern suchen. Dort können Sie kurz und bündig die Rubrik »Über mich« (Was zeichnet mich aus? Meine Spezialgebiete) bespielen, Zielgruppen und Branchen benennen und Ihre Kontaktdaten einpflegen.

Redaktionelle Beiträge auf XING

Bei XING gibt es auch redaktionelle Beiträge von Mitgliedern zu Business-Themen unter dem Namen XING Klartext. Auch wenn die Verfasser in der Regel von einer Redaktion angesprochen werden, können Sie dennoch versuchen, diesen Kanal im Rahmen Ihrer PR-Tätigkeit anzuzapfen. Gerade Keynote Speaker erfüllen die Anforderungen an dieses Format: eine klare Haltung, ein persönlicher Bezug (Ihre Story), ein Learning für die Leser. Ein solcher Beitrag kann Ihnen eine hohe Reichweite in einem Umfeld mit potenziellen Kunden bringen.

https://www.xing.com/news/klartext

LinkedIn funktioniert ganz ähnlich wie XING. Anstelle der Rubriken »Ich suche« und »Ich biete« gibt es hier die Rubrik »Über mich«. Auch hier kommt es auf die Auswahl der Stichworte an, die dafür sorgen, dass das Profil von Veranstaltern gefunden wird.

Natürlich bieten solche Business-Netzwerke noch viel mehr. Überlegen Sie sich aber, was Ihnen wirklich etwas bringt. Als Suchmaschine sind XING und LinkedIn wichtig, aber sie dürfen nicht zu Ihrem persönlichen Zeitfresser werden: Ein regelmäßiger Austausch von persönlichen Nachrichten, eine Mitgliedschaft in Gruppen und Foren bringen Ihnen meiner Erfahrung nach nicht viel, vor allem keine neuen Aufträge. Sie sollten aber regelmäßig checken, ob Sie Kontaktanfragen oder Nachrichten erhalten haben und selbst Statusmeldungen posten – von Ihren Auftritten, Rezensionen Ihrer Bücher, Ankündigungen, zu

Aktivitäten auf Ihrem Blog oder Ihrem Podcast oder zu anderen Aktivitäten. Gerade kurze Videos schauen sich sehr viele Menschen bei LinkedIn an.

Twitter

Der Kurznachrichtendienst Twitter liefert Ihnen keinen direkten Nutzwert wie etwa LinkedIn mit seiner Funktion als Suchmaschine für Veranstalter. Es wirkt eher indirekt. Denn selbst wenn ein Mitarbeiter einer Firma Ihnen auf Twitter folgt und Sie als Redner für das nächste Event empfiehlt, wird er dem Entscheider kaum Ihren Twitter-Account empfehlen, sondern Ihre Website.

Ich nutze Twitter trotzdem. Es ist eine unkomplizierte Möglichkeit, sich mit relevanten Personen in der Wirtschaftswelt zu vernetzen, auf eigene Auftritts- und Lesungstermine, Artikel, Podcasts, Buchveröffentlichungen, Rezensionen, Videos oder andere Neuigkeiten hinzuweisen. Mit Hashtags, die Ihre Vortragsthemen und Ihr Expertenwissen abbilden, erreichen Sie andere Experten und Menschen, die an diesen Themen interessiert sind, auch potenzielle Veranstalter. Sie können auf diese Weise Ihren Expertenstatus festigen, Ihre Message verbreiten und dadurch Ihre Bekanntheit steigern.

Dabei ist Twitter schnell und einfach zu handeln. Hinweise auf Veranstaltungen oder Buchrezensionen müssen Sie in der Regel nicht selbst schreiben, sondern können diese einfach retweeten. Umgekehrt verbreiten andere Ihre Nachrichten weiter. Dann fängt Twitter an, richtig interessant zu werden, denn das steigert die Reichweite enorm und führt im besten Fall zu weiteren Followern.

Bei Twitter gibt es wie bei Instagram die unglaublichsten Profilnamen. Das hat historisch praktische Gründe, denn früher waren nur Namen mit bis zu 20 Zeichen erlaubt. Da kam jemand mit einem langen Namen oder gar Doppelnamen schnell an die Grenze des Möglichen. Seit einiger Zeit hat Twitter nicht nur das Zeichenlimit für Tweets von 140 auf 280 Zeichen erhöht, auch der Profilname darf inzwischen bis zu 50 Zeichen haben. Bei mir war das kein Problem, mein Name hat ohnehin nur zehn beziehungsweise elf Zeichen (ohne Umlaut). Und ich halte es da eher mit der klassischen Variante @FelixPloetz. Mein Name ist meine Marke, und der Twitter-Name korrespondiert mit der Adresse meiner Website. Ich empfehle Ihnen, das genauso zu handhaben, denn es macht es den Menschen einfacher, Sie zu finden. Sie können den Profilnamen bei Twitter aber jederzeit ändern, wenn Sie eine bessere Variante im Kopf haben.

Und noch ein Hinweis, bevor Sie es vergessen: Geben Sie in der Infospalte von Twitter die Adresse Ihrer Website an: So wird das Medium selbst zum Marketingkanal für Ihren Funnel.

Facebook

Facebook ist für die meisten Menschen ein privates Vergnügen. Kaum ein Veranstalter würde auf die Idee kommen, bei Facebook nach einem Keynote Speaker zu recherchieren. Es ist daher eine Frage Ihrer Positionierung und Ihrer Zielgruppe, ob ein Profil für Sie als Keynote Speaker sinnvoll ist. Wenn Sie häufig auf Veranstaltungen reden, die für ein breites Publikum offen sind (Wissensforen, »Erfolgstage« und ähnliche Formate) kann es interessant sein, um in Kontakt mit Ihrem Publikum zu kommen und zu bleiben. Auch einige erfolgreiche Buchautoren betreiben manchmal eine »Fanpage«. Ihre Fans können Sie liken und bleiben über ihre Aktivitäten auf dem Laufenden. Ähnlich wie Twitter ist Facebook dann eine Abspielstation für ihre Aktivitäten. Aber genau das sind andere Netzwerke, die deutlich stärker in der Business-Welt angesiedelt sind, eben auch. Für Veranstalter und ein Wirtschaftspublikum brauchen Sie Facebook nicht noch neben einem Profil bei XING, LinkedIn oder Twitter. Für mich ist Facebook heute schon »tot«, ich nutze es gar nicht mehr. Aber das ist eine persönliche Entscheidung.

Podcasts, Blogs und Medienpräsenz

Medienpräsenz bringt Ihnen nicht unmittelbar neue Kunden, sie ist aber für Keynote Speaker sehr wichtig. Denn sie steigert langfristig Ihre Bekanntheit und damit indirekt auch Ihr Honorar und Ihre Auftragszahlen. Ohne Medienpräsenz werden Sie zu manchen Events gar nicht erst eingeladen. Medienarbeit gehört also zu Ihren wichtigsten Aufgaben.

Um Zugang zu etablierten Medien zu bekommen, brauchen Sie einen langen Atem. Ob es sich um Print-, Online- oder TV-Formate handelt: Die Medien warten nicht auf einen Speaker. Es gibt zig Experten auf dieser Welt, und Sie müssen erst über eine bestimmte Wahrnehmungsschwelle kommen, um interessant zu werden. Meine Erfahrung als Autor und als Verleger von Influencern ist, dass Sie das erst schaffen, wenn Sie ein eigenes Buch in einem renommierten Verlag veröffentlichen. Erst dann werden Sie ernst genommen. Wenn Sie einen gewissen Status erreicht haben, ist es auch möglich, eine Gastkolumne oder einen Beitrag in Wirtschaftsmedien zu veröffentlichen. Ich habe es zum Beispiel nach mehreren Buchveröffentlichungen geschafft, eine Gastkolumne für das Online-Magazin des *Business Punks* schreiben zu können. Ohne ein eigenes Buch wäre das nicht vorstellbar gewesen.

Für Einsteiger gibt es andere Möglichkeiten, Präsenz in Medien zu zeigen. Viele Veranstalter begleiten ihr Event medial und stellen dabei auch die eingeladenen Speaker vor. Ein Interview in der Lokalpresse oder ein Beitrag im Mitarbeitermagazin sind zwar in ihrer Reichweite begrenzt, doch wenn Sie das mediale Drumherum bei Ihren Auftritten mitmachen, summiert sich das. Gerade als Einsteiger sollten Sie solche Angebote nutzen. Sie benötigen Zitate für Ihre Website, und mit jedem Interview oder Beitrag sammeln Sie Erfahrung. Was für Einsteiger (und auch später) ebenfalls funktioniert, sind Blogs und Podcasts. Passt Ihr Thema zu dem eines Podcasters oder Bloggers, kontaktieren Sie ihn. Fragen Sie, ob Sie einen Gastbeitrag schreiben können. Oder ob Sie Ihr neues Buch vorstellen dürfen. Die Zugangsvoraussetzungen sind deutlich geringer, als bei *Markus Lanz* oder *Stern TV* unterzukommen. Betreiben Sie selbst einen Blog oder Podcast, stehen die Chancen dafür gut, sich mit anderen Bloggern bzw. Podcastern zu vernetzen und Synergien zu heben.

Das Beispiel des im Kapitel »Positionierung« bereits vorgestellten Frank Eilers zeigt, dass das Betreiben eines Podcasts sogar zu direkten Kundenanfragen führen kann. Sein Podcast »Arbeitsphilosophen – Die Zukunft der Arbeit« hat bewirkt, dass irgendwann ein Veranstalter bei ihm angerufen und ihn gefragt hat, ob er nicht als Redner auftreten möchte. Auch heute noch kommen neue Kunden auf ihn zu, weil sie seinen Podcast kennengelernt haben oder sich an ihn erinnern, wenn sie eine Veranstaltung zur Zukunft der Arbeit planen. »Da war doch was. Ja, der Frank Eilers, der macht doch diesen Podcast. Der wäre doch der Richtige, um bei unserem Event aufzutreten.« Seine Tätigkeit als Podcaster hat ganz wesentlich dazu beigetragen, dass er überhaupt Keynote Speaker wurde und erst recht, dass er so erfolgreich damit ist, weil er immer neue Kunden zieht. Kein Wunder, denn sein Thema »New Work« ist bei Veranstaltungen im Business-Bereich gefragt. Es funktioniert auch mit anderen Themen: Wenn Sie einen Innovations- oder Entrepreneurship-Podcast machen, ist es relativ wahrscheinlich, dass Sie jemand anspricht und fragt, ob Sie nicht einen Vortrag halten möchten. Das ist nur ein weiteres Beispiel – Sie erinnern sich an die Liste mit den am häufigsten nachgefragten Themen für Business-Events.

Das Betreiben eines Podcasts hat einen weiteren Nutzen: Er gibt Veranstaltern Sicherheit. Wenn sie bei der Auswahl von Rednern erfahren, dass 20 000 Menschen Ihren Podcast abonniert haben, zeigt das Ihren Wert. Sie haben dann eine enorme Reichweite, die Ihr Expertenwissen untermauert und einem Entscheider ein gutes Gefühl gibt. Er kann dem Publikum etwas bieten: jemanden, dem die Menschen gerne zuhören und der erfolgreich auf seinem Gebiet ist. Und auch wenn Sie gerne einmal auf einem bestimmten Event oder bei einem bestimmten Unternehmen auftreten möchten, ist die Akquise mit einem solchen Background relativ chancenreich. Nach dem Motto: 20 000 Abonnenten können nicht irren. Ein Podcast ist also in vielerlei Hinsicht ein sinnvoller Kanal für Speaker. Ich betreibe einen mit meinem Kollegen Peter Lutsch zum Thema Corporate Entrepreneurs. Es geht um Intrapreneure und erfolgreiche Macher in etablierten Unternehmen, was auch das Thema meines zuletzt erschienenen Buches ist.

Eine ähnliche Funktion wie ein Podcast, kann ein Blog für einen Keynote Speaker haben. Natürlich nicht irgendein Blog, sondern einer mit Reichweite und Impact. Allerdings sagt das geschriebene Wort weniger über die Fähigkeiten als Redner aus als das gesprochene. Trotzdem kann man sich damit als gut vernetzter Experte präsentieren, und wenn der Moderator einer Tagung den Sprecher als »einen der erfolgreichsten deutschen Blogger zum Thema X« ankündigt, macht das inzwischen Eindruck und die Menschen schütteln nicht mehr mit dem Kopf wie noch vor einigen Jahren.

Verantwortliche von Firmen, die sich für das Expertenthema eines Speakers und Bloggers interessieren und womöglich seinen Blog regelmäßig verfolgen, werden garantiert an ihn denken, wenn sie eine Veranstaltung planen, die genau dieses Expertenwissen als Input benötigt.

Newsletter

Ein Newsletter ist eine wunderbare Möglichkeit, um Besucher Ihrer Website wieder und wieder dorthin zu führen. Bei einigen Veranstaltern braucht es Zeit, bis sie Sie zum ersten Mal buchen, die sogenannte »Customer Journey« ist teils recht lang. Mit einem Newsletter halten Sie sich im Gedächtnis. Er kann dazu führen, dass Sie aus einem potenziellen einen echten Kunden machen und gehört daher zum Instrumentarium des Funnels eines Speakers. Das Ganze funktioniert natürlich auch bei Kunden, die Sie bereits gebucht haben. Halten Sie den

Kontakt, um wieder einen Auftrag zu bekommen. Der Newsletter ist ein gutes Mittel dafür.

Um Besucher Ihrer Website zu Newsletter-Abonnenten zu machen, müssen Sie etwas bieten. Neben dem Versprechen von regelmäßigen Beiträgen in Ihrem Blog oder Podcast können Sie auch Ihr neues Hörbuch verschenken oder Ihr Buch mit Autogramm und mit Widmung unter den Abonnenten verlosen. Oder bieten Sie anderen, exklusiven Content mit Nutzen an, zum Beispiel ein »White Paper« zu einem ihrer Vortragsthemen oder zu einem Thema, das Organisatoren von Veranstaltungen interessiert (»Was Besucher von Tagungen glücklich macht«) – als kleines E-Book oder PDF.

Was muss ein Newsletter leisten? Er muss den Abonnenten Nutzen liefern. Es geht also nicht alleine darum, über sich und Ihre Aktivitäten zu informieren. Sie sollten den Lesern relevanten Content liefern. Geben Sie etwas von Ihrem Expertenwissen preis, was für Leser Nutzen schafft. Geben Sie Denkanstöße. Kommentieren Sie aktuelle Ereignisse. Wenn Sie das beherzigen, ist der Newsletter ein gutes Instrument, um potenzielle Kunden in echte zu konvertieren und um Bestandskunden zu pflegen.

Tools für den Newsletter-Versand

Zum professionellen Versenden und Verwalten von Newslettern gibt es spezielle Software-Lösungen, die eine individuale Ansprache der Empfänger sowie zahlreiche Analyse-Tools, zum Beispiel wie viele Newsletter geöffnet wurden und in welchen Regionen das war, bieten. Wenn Sie den Newsletter starten und noch nicht so viele Abonnenten haben, reichen möglicherweise frei nutzbare Softwarelösungen. Einige davon sind:

- MailChimp (mailchimp.com) – frei nutzbar bis zu 1000 Abonnenten und bis zu 6000 Mails pro Monat
- Newsletter2Go (newsletter2go.de) – bis zu 1000 E-Mails monatlich frei, ohne Empfängerlimit

- Arclab MailList Controller (https://www.arclab.com/de/newsletter-software/download.html) – Demoversion für bis zu 50 Empfänger frei, Vollversion 99 Euro

Redneragenturen

Ein ganz zentraler und extrem wichtiger Kanal, um Kunden zu gewinnen, sind Redneragenturen. Mithilfe von Redneragenturen werden Sie wahrscheinlich mehr Anfragen erhalten als durch jeden anderen der vorgestellten Kanäle. Deswegen räumen wir diesem Thema auch mehr Raum ein. Redneragenturen vermitteln Speaker an Veranstalter und erhalten dafür eine Provision – vom Honorar des Speakers. Die meisten Keynote Speaker im deutschsprachigen Raum nutzen diesen Vermittlungsservice und lassen sich von einer oder mehreren Redneragenturen vertreten.

Das hat einen Grund: Viele Veranstalter kennen sich auf dem Speaker-Markt nicht aus und wissen nicht, wer auf welchem Gebiet Experte ist und welcher Redner passt. Sie vertrauen darauf, dass die Agentur Speaker vorschlägt, die auf der Bühne überzeugen und wirklich einen Wert liefern. Außerdem hat der Veranstalter einen geringeren Verwaltungsaufwand: Er muss nicht mehrere Speaker anfragen, nicht mit allen Rednern einzeln Verhandlungen führen, nicht mehrere Rechnungen stellen. Manche Firmen buchen ausschließlich über bestimmte Agenturen, weil sie ein kompliziertes internes Bestellverfahren haben und kein Interesse daran, jeden einzelnen Speaker im SAP anzulegen. Es kommt auch vor, dass Unternehmen die Agentur damit beauftragen, das gesamte Veranstaltungsprogramm zu planen und Speaker für die verschiedenen Slots vorzuschlagen. Einige Agenturen führen sogar komplette Events für Unternehmen und Verbände durch.

Der Speaker-Markt läuft also zu einem beträchtlichen Teil über Redneragenturen, deswegen müssen Sie dort auch präsent sein. Zu vielen Veranstaltungen hätten Sie sonst gar keinen Zugang. Außerdem sind

Agenturen nicht nur für die Veranstalter eine Referenz für Zuverlässigkeit, sondern auch für Sie als Speaker. Gerade wenn Speaker noch keine Erfahrung haben, können sie bei direkten Anfragen auch mal reinfallen, oder es gibt Probleme bei den Honorarverhandlungen. Wenn erfahrene Agenturen dazwischen geschaltet sind, kennen die sowohl die Marktpreise als auch das Verhandlungsgebaren der Veranstalter.

Für die Vermittlung und Abwicklung eines Auftrags zahlen Sie natürlich einen Preis. Agenturen nehmen im Schnitt 20 bis 25 Prozent Provision. Das heißt, für einen von einer Agentur vermittelten Auftritt bekommen Sie in der Realität nur 75 bis 80 Prozent Ihres eigentlichen Honorarsatzes. Das klingt nach viel, ist aber in Ordnung. Denn Redneragenturen bringen die Kunden direkt zu Ihnen, ohne dass weitere Kosten für Sie entstehen. Durch ihre langjährige Erfahrung haben gute Redneragenturen bei Veranstaltern Vertrauen aufgebaut und ein ganz besonderes Standing erreicht. Davon können Sie als »Einzelkämpfer« nur profitieren. Ohne Agenturen würden viele Kunden von Ihnen erst gar nicht erfahren, geschweige denn Sie für einen Auftritt buchen. Die Agenturen übernehmen in Teilen die Kommunikation mit dem Kunden, setzen das Honorar durch, klären Termine und Auftrittsmodalitäten und stellen dem Veranstalter am Ende die Rechnung für Ihren Auftritt. Sehen Sie den Abschlag von Ihrem Honorar daher nicht so, als ob Ihnen jemand Geld wegnimmt, sondern ganz unemotional als Marketingkosten. Wenn Sie auf anderen Kanälen werben, kostet Sie das auch Geld. Und halten Sie sich vor Augen: Die Provision einer Agentur zahlen Sie nur im Erfolgsfall.

Redneragenturen nehmen Ihnen den Weg zum Kunden aber nicht komplett ab. Ihr Expertenwissen, Ihre Story, Ihren Wert fürs Publikum müssen Sie erst einmal selbst aufbauen. Erst dann werden Sie für Agenturen interessant. Niemand findet Sie spannend, wenn Sie nicht spannend sind und das auch zeigen. Sie können zu Beginn Ihrer Speaker-Karriere viel Arbeit investieren, damit Sie von Agenturen aufgenommen werden, aber es macht mehr Sinn, Arbeit in Ihren Wert als Speaker zu investieren. Agenturen garantieren Veranstaltern Qualität und würden Sie niemals vorschlagen, wären sie nicht von Ihrer Qualität überzeugt. Erst wenn Sie einen gewissen Grundwert auch nachweisen und demonstrieren können, lohnt sich die Zusammenarbeit mit Agenturen. Denn erst dann werden Ihnen über diesen Vertriebsweg auch Auftritte vermittelt.

Ich habe anfangs auch noch nicht den großen »Rundumschlag« bei Agenturen gemacht. Weil ich erst durch Auftritte und entsprechende Videos meinen Wert steigern und nachweisen können wollte. Und weil gerade zu Beginn der Speaker-Karriere die Positionierung noch weiter geschärft werden muss. Wenn Sie noch mit Ihren Vortragsthemen und den Elementen Ihrer Website experimentieren und Realitätschecks durchführen, ist Ihr Wert für den Kunden noch nicht klar. In den ersten Monaten bekommen Sie mehr Referenzen, neue Testimonials von bekannteren Menschen, bessere Fotos und Videos von Ihren Auftritten. Gehen Sie auf Agenturen zu, wenn Sie wirklich etwas Vorzeigbares in der Hand haben. Dann sind Ihre Chancen, in den Katalog aufgenommen zu werden, auch gut.

Viele Redneragenturen suchen junge Speaker und frische Gesichter, damit sie ihren Kunden etwas Neues bieten können. Deswegen ist es sinnvoll, dass Sie sich proaktiv bewerben. Wenn Sie etwas zu zeigen haben, machen Sie es der Agentur einfach. Und selbst wenn Sie den Speaker-Job nicht oder noch nicht hauptberuflich ausüben, ist das sogar eher ein Argument für Sie: Viele Agenturen suchen gerade Redner, die noch Kontakt zur Praxis haben und im Beruf stehen.

Agenturen suchen zu den gängigen Themen immer mehrere Speaker für ihr Portfolio. Zum einen, weil nicht jeder Redner zu jeder Zeit Termine wahrnehmen kann, zum anderen, weil die Veranstalter selbst unterschiedlich positionierte Referenten suchen. Ihr Auftrag an die Agentur kann lauten: »Wir suchen jemand, der den Laden richtig aufmischt.« Oder: «Wir suchen jemanden der Sicherheit und Vertrauen ausstrahlt.« »Wir suchen jemanden, der mal eine ganz andere Perspektive hat und das Thema gegen den Strich bürstet.« Oder sie suchen explizit jemanden, der jung ist oder eine Frau, weil Frauen auf dem Speaker-Markt noch immer unterrepräsentiert sind. Besetzen Sie im Katalog einer Agentur eine Leerstelle, sind Sie besonders interessant.

Andere Agenturen haben sich auf bestimmte Redner spezialisiert, zum Beispiel die Agentur für Helden: Sie vertritt Avantgardisten und Vordenker, Redner für »*Brand-Eins*-Themen«, wie es der Geschäftsführer Andreas Kirsche einmal ausdrückte.[32] Es gibt Agenturen, die ausschließlich Frauen vertreten, wie die Women Speakers Foundation, oder Agenturen, wie die von Ex-Skispringer Sven Hannawald betriebene Agentur Sport-Speaker, die sich – logisch – auf Sportler spezialisiert.

Es gibt einige breit aufgestellte und renommierte Agenturen, mit denen sich die Zusammenarbeit in jedem Fall lohnt. Diese beschäftigen richtige Teams und sind keine Einzelunternehmer, von denen es ebenfalls sehr viele gibt. Und sie sind in der Speaker-Branche und mit Veranstaltern sehr gut vernetzt.

Im Anhang finden Sie eine Übersicht der wichtigsten Redneragenturen auf dem deutschsprachigen Markt. Schauen Sie sich an, wer zu Ihnen passen könnte oder wo Ihre Expertise und Ihr Angebot an Vortragsthemen noch nicht vorkommen. Bedenken Sie dabei aber: Nicht alle von den Agenturen vertretenen Redner sind auf den Web-Portalen sichtbar. Dort tauchen erst einmal nur die Redner der »Frontlist« auf. Es gibt aber auch Redner, die die Agenten bei Bedarf aus dem Hut zaubern. Spezialisten für Nischenthemen oder prominente Redner, die nicht aktiv angeboten werden möchten und nur für ausgewählte Events zur Verfügung stehen – oder bisweilen auch Redner, die der Agentur nur wenig Umsatz bescheren und gezielt für weniger lukrative Anlässe angeboten werden.

Viele Redner sind bei mehreren Agenturen gelistet, zum Teil tauchen sie in über 20 Katalogen auf. In der Regel ist man als Speaker nicht exklusiv an eine Agentur gebunden. Das bin ich auch nicht. Es gibt Speaker, die sich exklusiv listen lassen, wenn es vorteilhaft für sie ist, zum Beispiel, wenn die Agentur auch Ihr Management übernimmt oder Marketingleistungen erbringt. Für mich ist dieses Modell nicht attraktiv, weil ich das Organisatorische selbst in der Hand halten möchte und dafür Mitarbeiter beschäftige.

Noch einmal zurück zum Honorar: Alle Agenturen, die mich als Redner anbieten, tun dies für den gleichen Honorarsatz. Jeder Kunde zahlt also immer das Gleiche, selbst wenn eine Agentur 20 Prozent Vermittlungsgebühr verlangt und eine andere nur 15 Prozent. Weil ich der Meinung bin, dass keinem damit geholfen ist, wenn ich bei einer Agentur 1000 Euro teurer bin als bei einer anderen.

Sie können – wie manche Speaker auch – anders vorgehen. Sie sagen zum Beispiel: »Ich bekomme für einen Vortrag immer 5000 Euro, und davon gehe ich auch nicht ab.« Die Agentur muss also Ihre Provision draufschlagen und nicht von Ihrem Honorar abziehen. Dann sind Sie aber mit unterschiedlichen Preisen auf dem Markt unterwegs: einmal mit Ihrem eigenen Preis, der ist am günstigsten (5000 Euro). Bei einer Agentur mit 20 Prozent Provision kosten Sie 6000 Euro, bei einer mit 25 Prozent 6250 Euro. Das ist für Veranstalter nicht schön. Und für die Agenturen erst recht nicht. Wenn Kunden zuerst bei der »teuren« Agentur anfragen und Sie letztlich lieber direkt buchen wollen, wird die Agentur Sie dann weiterhin offensiv vermitteln wollen? Oder kommt sie sich vor wie ein Einzelhandelsshop, wo die Kunden die tollen Sneakers anprobieren und dann bei Zalando im Sonderangebot bestellen?

Da die Redneragentur einen Teil der Auftragsabwicklung übernimmt und Sie ihr am Ende eine um die Provision bereinigte Rechnung stellen, ist sie streng genommen nicht nur ein Vermittler, sondern ein Kunde von Ihnen. Deswegen sollten Sie Agenturen auch wie Kunden behandeln. Es ist sinnvoll, wenn Sie sich fragen: Welches Problem hat die Agentur? Wie können Sie ihr das Leben leichter machen? Ich behandle alle Agenturen genauso wie Unternehmen oder Veranstalter, die mich direkt buchen. Ich halte sie immer up to date mit meinem Material (Vortragsthemen, Werbetexte, Testimonials, Referenzen, Pressestimmen, Fotos und Videos), damit sie ihren Speaker-Katalog pflegen können. Ich frage sie auch regelmäßig, wie ich ihnen ihre Arbeit, von der ich selbst profitiere, erleichtern kann. Und lade sie auch zu Vorträgen ein. Auch Redneragenturen sollten gepflegt werden. Sie sind nicht Ihre Dienstleister, sondern Ihre Kunden! Diese Einstellung sollte man als Speaker sein Leben lang behalten. Wenn man erfolgreich ist, sollte man aufpassen, nicht die Diva zu spielen. Agenturen erleben es, dass erfolgreiche Speaker kompliziert werden. Seien Sie unkompliziert. Je angenehmer und unkomplizierter der Umgang mit Ihnen ist, desto lieber, häufiger und erfolgreicher bieten die Agenturen Sie an. Und das zählt!

Ein eigenes Buch: Ihre Eintrittskarte für Medien und Veranstaltungen

Ein eigenes Buch hat für Keynote Speaker eine herausragende Bedeutung. Es kann Ihrer Karriere einen enormen Schub geben, das gilt für etablierte Redner genauso wie für Einsteiger. Es macht Sie als Experte bekannt, ist ein Türöffner für Medien, die Grundlage für Ihre Vorträge und ein idealer Marketingkanal. Nicht umsonst haben die meisten Profi-Speaker bereits ein oder mehrere Bücher veröffentlicht.

Was ein Buch Ihnen bringt

Was genau bringt Ihnen ein Buch? Zuerst einmal ist ein eigenes Buch ein Kompetenznachweis. Auch heute noch umgibt das Medium Buch eine gewisse Aura: Wer ein Buch veröffentlicht hat, muss etwas wissen und etwas zu sagen haben. Ein Buch festigt oder erhöht also Ihren Status als Experte und verschafft Ihnen Renommee. Zu Beginn der Karriere als Speaker macht man mit einer Buchveröffentlichung direkt deutlich, über welche Expertise man verfügt und welches Thema man besetzt. So bringt man sich auf die Landkarte der Veranstalter, die Experten für bestimmte Themen als Redner buchen möchten.

Aber auch als etablierter Speaker stärkt ein Buch Ihre Positionierung. Vor allem dann, wenn es zu einem Ihrer Vorträge oder zu einem neuen Vortrag, mit dem Sie zeitgleich mit der Buchveröffentlichung an den Start gehen, passt. Veröffentlichen Sie ein Buch, dann stehen Sie wahrscheinlich für die nächsten Jahre genau für dieses Thema. Das Buch ist so etwas wie Ihre Visitenkarte mit rund 200 Seiten.

Nicht zu unterschätzen ist die Medienpräsenz, die Sie mit einem Buch erreichen können. Buchrezensionen, Interviews in Zeitungen, Magazinen und im Radio, Einladungen zu Talkshows: Das alles ist fast unmöglich, wenn Sie *nur* Keynote Speaker ohne eigenes Buch sind. Denn als solcher ist man in einer relativ geschlossenen Welt unterwegs, von der die meisten Menschen nichts mitbekommen. Ein erfolgreiches Buch kann Sie über die Branchengrenzen hinweg bekannt machen.

Würden Sie Richard David Precht kennen, wenn er nicht seinen Bestseller *Wer bin ich – und wenn ja, wie viele?* veröffentlicht hätte? Wäre Tim Ferriss ohne sein Buch *Die 4-Stunden-Woche* so erfolgreich? Auch an meiner eigenen Karriere als Keynote Speaker haben Bücher einen großen Anteil. Als ich mit meinem Co-Autor extra einen Verlag gegründet hatte, um unser gemeinsames Buch *Palmen in Castrop-Rauxel* zu veröffentlichen, wussten wir noch nicht, ob sich überhaupt jemand dafür interessieren würde. Als das Buch erschienen war, waren wir auf einmal im *Stern*, bei *Spiegel Online*, bei *RTL* und sogar in der *Bild* präsent. Das Buch öffnete mir viele Türen. Es ist die Grundlage für meine Speaker-Karriere. Weil ich mit diesem Buch quasi aus dem Nichts erfolgreich war, traute ich mich, Speaker zu werden. Und durch dieses Buch wurde ein renommierter Sachbuchverlag auf mich aufmerksam und wollte das nächste Buch mit mir veröffentlichen. *Das 4-Stunden-Startup* wurde ein Bestseller. Dadurch erhielt ich noch mehr Medienpräsenz; ich wurde auch als Keynote Speaker sichtbarer und bekannter.

Ein Buch macht einen nicht nur bei potenziellen Kunden, den Veranstaltern, bekannt. Sondern auch bei Menschen, die bei Veranstaltungen im Publikum sitzen. Wenn Sie als Experte für Alltagsthemen wie »Entscheidungen treffen«, »Selbstmotivation« oder »Selbstbewusstsein« stehen, kann Ihre Bekanntheit weit über ein Fachpublikum hinaus gehen. Und Sie wissen ja: Je bekannter ein Redner ist, desto eher wird er gebucht. Und als positiver Nebeneffekt der steigenden Bekanntheit kann er auch sein Honorar höher ansetzen. Das ist vielleicht der wichtigste Effekt eines Buches für einen Keynote Speaker: Es steigert Ihr Renommee, Ihre Sichtbarkeit und Ihre Bekanntheit. Es reichert Ihre Marke mit Wert an, und dadurch erhöht sich auch Ihr Marktwert.

Wenn es gut läuft, kann ein eigenes Buch auch zu einer Einnahmequelle werden und Ihr Geschäftsmodell erweitern. Erwarten Sie das aber nicht oder planen Sie gar fest damit. Denn in der Realität sind die Verkaufszahlen der meisten Bücher sehr überschaubar. Es gibt Bücher von bekannten Personen, über die man nach der Veröffentlichung vier Wochen lang gefühlt jeden Tag etwas liest oder den Autor in einer Fernseh-Talkshow sieht. Und dann verkauft sich dieses Buch ganze 1600-mal! Das ist keine Übertreibung, sondern eher der Normalfall. Die Vorstellung, dass man als Buchautor automatisch Geld verdient, ist komplett falsch. Oft wiegt das Honorar für verkaufte Bücher noch nicht einmal die Investitionen beim Schreiben auf.

Aber wenn es bei Ihnen so läuft wie in dem kleinen, eigentlich negativen Beispiel, dann hätten Sie Ihr Ziel mit Ihrem Buch dennoch mehr als erreicht. Sie hätten eine massive Medienpräsenz erfahren und Ihre Bekanntheit erhöht. Sie hätten Ihren Wert als Keynote Speaker ganz sicher gesteigert und sich für mehr Veranstalter interessant gemacht – auch wenn Sie nur 1600 Exemplare verkauft hätten. Denken Sie immer daran: Der Verkauf von Büchern ist nicht der hauptsächliche Zweck einer Veröffentlichung. Aber je bekannter Sie sind, desto mehr Bücher verkaufen Sie in der Regel. Je mehr Bücher Sie verkaufen, desto bekannter werden Sie.

Welcher Buchtyp ist für Sie als Speaker der richtige?

Weil Sie Ihre Positionierung, Ihre Sichtbarkeit und Ihre Bekanntheit als Keynote Speaker steigern möchten, dürfte klar sein, dass das Buch auch mit Ihrem Expertenwissen und Ihren Vortragsthemen zu tun haben muss. Ein Roman kommt dafür nicht infrage. Klar, Sie können einen Roman schreiben und veröffentlichen oder ein Kinderbuch oder ein Coffee-Table-Fotobuch. Das wird Ihnen aber keine neuen Aufträge als Redner einbringen. Wenn Sie Ihr Expertenwissen in Buchform bringen möchten, kommen im Prinzip drei Buchtypen oder Genres infrage, die im Buchhandel verbreitet sind: Sachbuch, Fachbuch und Ratgeber.

Ein Sachbuch richtet sich an ein allgemeines Lesepublikum, es ist unterhaltsam und in einer verständlichen Sprache geschrieben. Es kann sogar literarischen Wert haben beziehungsweise mit Storytelling-Elementen arbeiten. Ein klassisches Sachbuch ist gebunden, hat meist einen Schutzumschlag und einen Ladenpreis zwischen 20 und 30 Euro. Manchmal haben Sachbücher auch ein Paperback-Cover mit Klappenbroschur und kosten zwischen 16 und 20 Euro.

Ein Fachbuch richtet sich, wie der Name schon sagt, an ein reines Fachpublikum, zum Beispiel Führungskräfte, Konfliktmoderatoren oder Personalverantwortliche. Fachbücher haben einen anspruchsvollen Inhalt, der Lesern, die selbst Experten sind, etwas Neues vermitteln soll. Daher sind die meisten für Fachfremde auch schwer zu verstehen. Rezensionen und die Medienpräsenz des Autors beschränken sich auf Fachpublikationen und Branchenmedien. Ein klassisches Fachbuch ist in ein Hardcover gebunden und in der Regel ohne Schutzumschlag. Der Preis liegt bei 30 Euro aufwärts und kann auch durchaus das Doppelte kosten.

Ratgeber, die für Speaker als Autoren infrage kommen, sind vor allem in den Bereichen Business oder Lebenshilfe angesiedelt. Sie können sich an ein breites Publikum richten wie Sachbücher; es gibt aber auch sehr spezielle Ratgeber, die eine kleine Zielgruppe ansprechen. Was sie von Sach- und Fachbüchern unterscheidet: Ratgeber sind extrem praxisorientiert. Sie zeigen den Lesern, »wie es geht« (»how to«). Einen theoretischen Background wie beim Fachbuch oder essayistisch anmutende Darstellung gesellschaftlicher Relevanz für die verhandelten Themen wie beim Sachbuch gibt es nicht. Wahrscheinlich haben Sie schon einmal einen Bewerbungsratgeber in der Hand gehalten oder einen Ratgeber, der bestimmte berufliche Arbeitstechniken (Zeitmanagement, Projektmanagement, usw.) vermittelt. Die mögliche Medienresonanz hängt vom Thema ab: Allgemeine Themen »für alle« haben größere Chancen, wahrgenommen zu werden als spezielle Business-Themen für eine begrenzte Zielgruppe. Ratgeber sind meist einfache Paperbacks, der Preis richtet sich nach dem Grad der Spezialisierung und liegt zwischen 10 und 20 Euro (breites Zielpublikum) oder auch darüber (kleine Zielgruppe).

Die Kurzbeschreibungen zeigen, dass ein Sachbuch die größte Chance auf Medienresonanz hat, Ihnen am meisten Renommee einbringt und bei Erfolg das größte Potenzial hat, Sie bekannter zu machen. Ein Sachbuch zu konzipieren und zu schreiben, ist allerdings nicht ganz leicht. Sie müssen Ihr Expertenthema für ein breites Publikum zugänglich machen und entsprechend »populär« schreiben können, was vielen Experten schwerfällt. Bei Ratgebern ist Ihre Zielgruppe kleiner, zum Beispiel Führungskräfte, Manager oder Vertriebsmitarbeiter. Ein Fachbuch richtet sich an andere Experten und bietet unbekannten Newcomern die Chance, sich als Experte zu positionieren. Bekannter werden sie dadurch nur in Fachkreisen, aber das kann als erster Schritt durchaus sinnvoll sein. Machen Sie sich klar, dass Sie auch als Autor eine Entwicklung durchmachen. Viele Keynote Speaker haben mit Fachbüchern oder Ratgebern angefangen, bevor sie ein Sachbuch in einem großen Publikumsverlag veröffentlicht haben.

Wie Sie Ihr Buchprojekt angehen

Es kommt häufig vor, dass ich von anderen Experten oder auch Social Influencern darauf angesprochen werde, wie sie ein Buchprojekt angehen sollen: »Ja, ich will ein Buch veröffentlichen. Was soll ich machen? Wie läuft das ab?« Ich empfehle Ihnen dann als ersten Schritt, mit einem Buchexperten zusammenzuarbeiten, um ein richtig gutes Exposé zu entwickeln. Ein Exposé ist eine Art Konzeptpapier und die Grundlage für jedes Buchprojekt. Es macht Ihnen selbst überhaupt erst klar, was für ein Buch Sie genau schreiben möchten, und es ist die Voraussetzung dafür, dass sich Buchverlage oder Literaturagenturen für Ihr Buchprojekt interessieren. Sie können sich das Wissen, wie ein Exposé aussehen muss, natürlich auch selbst aneignen. Gute Buchexperten aber kennen sich in der Verlagsbranche aus und haben in der Regel selbst einmal als Lektor oder Programmleiter in einem Verlag gearbeitet. Sie wissen, wie ein Exposé aussehen muss, damit ein Literaturagent oder ein Verlagslektor es sich überhaupt anschaut. Buchexperten unterstützen Sie aber nicht nur bei der Konzeptentwicklung. Sie können Sie auch beim Schreiben coachen und Ihnen dabei helfen, Ihre Vortragsthemen zu Buchthemen zu machen und Ihre Message zu transportieren. Sie wissen, mit welcher Art von Buchkonzept Sie Ihre Ziele am besten erreichen und helfen auch bei der Titelfindung. Sie kennen den Markt, verfügen über ein Netzwerk und können Ihnen empfehlen, welche Agenturen beziehungsweise Verlage für Sie infrage kommen.

Den zweiten Rat, den ich dann gebe, ist folgender: Wenn Sie ein Exposé haben, versuchen Sie, mit einer Literaturagentur zusammenzuarbeiten. Literaturagenturen vermitteln Autoren und ihre Buchideen an Verlage und erhalten dafür eine Provision an allen Einnahmen im Zusammenhang mit ihrem Buch, in der Regel sind das 15 Prozent. Agenten sind zwar nicht der einzige Weg zu einem Verlag – Sie können sich auch direkt an einen wenden –, aber dann müssen Sie wissen, wie Sie das tun, und Ihre Chancen auf Erfolg sind geringer. Die meisten Verlage nehmen gar keine »unverlangt eingesandten Manuskripte« an oder schicken Ihnen eine Absage, ohne dass sich jemand Ihr Exposé überhaupt angeschaut hat. Wenn ein Agent ein Buchprojekt bei Verlagen anbietet, ist die Chance höher, dass es geprüft wird. Agenten sind die ersten Gatekeeper der Buchbranche. Sie werden kein Projekt anbieten, das komplett unbrauchbar ist, sonst setzen sie ihren Ruf aufs Spiel. Sehen die Agenten Potenzial in Ihnen als Person beziehungsweise in Ihrer Buchidee, dann helfen sie Ihnen dabei, das Konzept weiter zu schärfen und marktgerecht aufzupolieren. Allerdings werden sie Ihnen nicht die Arbeit abnehmen, ein überzeugendes Exposé selbst zu schreiben, deshalb ersetzen sie auch nicht die Buchexperten. Agenten haben ein Netzwerk zu allen relevanten Verlagen und persönlichen Kontakt zu deren Programmmachern.

Wenn Sie zuerst selbst auf Verlage zugehen und dann wie die meisten Autoren, die auf eigene Faust ein Exposé einreichen, eine Absage erhalten, sind Sie mit dieser Buchidee auch für die Agenturen »verbrannt«. Wenden Sie sich an einen Agenten, wird dieser Sie gleich fragen, ob Sie bereits mit Verlagen gesprochen haben oder Absagen erhalten haben. Falls das der Fall ist, sind Sie raus. Der umgekehrte Weg ist also besser: Falls zehn Agenturen es ablehnen, Sie als Autor zu vertreten, können Sie immer noch selbst Verlage ansprechen.

Bevor Sie ein Buchkonzept ausarbeiten, stellen Sie sich einmal die Frage, was Sie mit der Veröffentlichung erreichen möchten. Was soll sich durch Ihr Buch für Ihre Aktivitäten als Speaker ändern? Das kann Ihnen einen ersten Weg zeigen, welche Art von Buch Sie schreiben möchten. Möchten Sie in Fachkreisen Ihren Ruf als Experte aufbauen, ist vielleicht ein Fachbuch der richtige Weg. Möchten Sie bei den Menschen bekannter werden, die bei Ihren Vorträgen im Publikum sitzen, dann kommt zum Beispiel ein Ratgeber infrage. Und wenn Sie noch mehr Menschen erreichen möchten, ist ein Sachbuch die richtige Wahl.

Dann geht es darum, Ihr Expertenwissen in ein Buchkonzept umzusetzen. Wie machen Sie das? Nehmen Sie als Basis Ihre Vortragsthemen oder ein Thema, das Sie für das nächste oder übernächste Jahr planen. Überlegen Sie, wie Sie Ihren Vortrag ausbauen und für ein noch breiteres Publikum interessant machen können. In einem Buch können Sie viel mehr erzählen. Sie können mehr Beispiele bringen. Sie können Thesen entwickeln, die Sie auf mehreren Seiten belegen. Die Möglichkeiten sind quasi unbegrenzt. Aber vernachlässigen Sie bei der Konzeptentwicklung nicht den Markt. Recherchieren Sie, welche und wie viele Bücher es zu Ihrem Thema bereits gibt. Falls ja: Wie sind diese aufgebaut? Welche Haltung hat der Autor? Heben Sie sich davon ab? Ihr Buch darf nicht die zwanzigste Version eines auf dem Buchmarkt ausgelutschten Themas sein – Sie müssen etwas Neues bieten. Haben Sie ein Buchkonzept entwickelt, können Sie sich daran machen, ein Exposé zu schreiben.

Das Buch-Exposé

Verlagslektoren, die Exposés und Manuskripte prüfen und entscheiden, ob ein Buch veröffentlich wird, erwarten in einem Exposé ganz bestimmte Informationen. Ohne diese Infos können sie nicht entscheiden und sagen ab. Auch Literaturagenten erwarten solche Informationen. Ich möchte Ihnen zeigen, was alles in ein professionelles Exposé gehört.

Aufbau eines professionellen Buch-Exposés

Angaben zum Buch

- Arbeitstitel und -untertitel
- Genre, Umfang, gegebenenfalls Anzahl und Art der Abbildungen
- Termine
- Zielgruppe(n)
- Marktumfeld

Autoreninfos und Kontaktdaten

Inhalt

- Vorläufige Gliederung
- Textprobe bzw. Probekapitel
- Kurztext

Verkaufs- und Marketingargumente

- USP (unique selling proposition)
- Pressekontakte
- Multiplikatoren
- Netzwerk
- Auftritte
- Eigene PR- und Marketingaktivitäten
- Gegebenenfalls Buchabnahme

Am Anfang des Exposés geht es um den ersten Überblick. Ein Verlag muss sofort erkennen können, ob das Buch überhaupt in sein Portfolio passt. Denn auch viele Verlage stehen für ein bestimmtes Themenspektrum. Die Angaben zum Buch klären, worum es geht.

Arbeitstitel und -untertitel: Ob Sachbuch, Ratgeber oder Fachbuch – Titel und Untertitel müssen in ihrer Kombination sofort deutlich machen, worum es in dem Buch geht und dem potenziellen Leser zeigen, welchen Nutzen er hat, wenn er das Buch liest. Zu jedem Thema gibt es zig Bücher, wahrscheinlich auch zu Ihrem. Ist durch den Titel nicht zu erkennen, was der Inhalt des Buches ist und warum man es lesen sollte, wird kaum jemand sich die Mühe machen, die Produktbeschreibung zu lesen oder gar in das Buch hineinzusehen. Wenn Sie Ihr Exposé bei einem Verlag (oder einer Agentur) einreichen, dann muss der endgültige Titel zwar noch nicht feststehen. Aber je besser Ihr Arbeitstitel ist, desto größer werden ihre Chancen. Eine Verlagslektorin hat mir einmal erzählt, dass sie einmal einem Autor sofort einen Vertrag anbieten wollte, nachdem sie den Buchtitel gelesen hat. Okay, sie hat dann ein bisschen weitergelesen, ob der Autor auch schreiben kann. Aber der Titel war so gut, dass sie direkt ein komplettes Bild davon hatte, worum es im Buch geht, was die Leser davon haben und wie das Buch vermarktet werden kann.

Dazu noch eine andere Geschichte: Mein bislang erfolgreichstes Buch ist *Das 4-Stunden-Startup*, Untertitel: *Wie sie ihre Träume verwirklichen ohne zu kündigen*. Ursprünglich sollte das Buch ganz anders heißen. Als ich das Exposé beim Verlag abgegeben hatte, lautete der Titel noch *Her mit dem schönen Leben*. Denn darum ging es mir: die eigene Lebensqualität verbessern, indem man nebenher etwas Unternehmerisches macht und dabei frei ist. Der Verlag hat mein Exposé angenommen, doch der Programmchef meinte zu mir: »Das ist ja ein ganz schöner Titelvorschlag. Aber was hältst du denn von dem Titel *Das 4-Stunden-*Startup?« Ich entgegnete: »Ihr wisst schon, dass es da dieses superbekannte, extrem erfolgreiche Buch von Tim Ferriss gibt, *Die 4-Stunden-Woche*?« Der Programmchef sagte: »Ja klar, das wissen wir. Aber wenn es einen einzigen Verlag in Deutschland gibt, der eine Art ›inoffiziellen Nachfolger‹ zu diesem Bestseller machen darf, dann ist das unser Verlag. Hier erschien das Buch von Tim Ferriss. Wir haben 2008 die deutsche Ausgabe publiziert.« Tim Ferriss hatte das 4-Stunden-Konzept zwar weiterbetrieben, war dabei aber in eine ganz andere Richtung gegangen: *Der 4-Stunden-Küchenchef* (Kochen), *Der 4-Stunden-Körper* (Fitness). Es war daher kein Problem, diese Formulierung zu nutzen. Anfangs war ich nicht unbedingt ein Freund dieses Titels, weil dadurch die Latte unglaublich hoch lag. Ferriss' Buch war schließlich ein internationaler Megabestseller. Aber ich habe es nicht bereut. Der Titel hat ein unglaubliches Nutzenversprechen: Sie können Ihren Traum vom eigenen Startup nebenbei verwirklichen und müssen dafür die Sicherheit Ihres Jobs nicht aufgeben. Sie müssen dafür noch nicht einmal viel Zeit investieren. Mitten im Startup-Fieber, als die Sendung *Die Höhle der Löwen* gerade anfing durchzustarten, traf dieser Buchtitel einen Nerv. Und so fand sich mein Buch über mehrere Jahre auf verschiedenen Bestseller-Listen wieder. Hätte das auch mit meinem ursprünglichen Titel funktioniert? Heute denke ich: Eher nicht. *Her mit dem schönen Leben* klingt zwar gut, aber worum es dabei geht, bleibt völlig unklar. Zwar möchte jeder ein schönes Leben, aber jeder auf eine andere Weise. Mit dem ursprünglichen Titel hätte das Buch alle und gleichzeitig niemanden angesprochen.

Genre: Sagen Sie, was für eine Art von Buch Sie planen. Ist es ein Sachbuch, ein Fachbuch oder ein Ratgeber? Falls möglich, sollten Sie den Buchtyp noch genauer spezifizieren, zum Beispiel »Wirtschaftssachbuch« oder »Ratgeber für Führungskräfte«.

Umfang: Geben Sie an, wie umfangreich Ihr Buch werden soll. Nennen Sie dafür die Anzahl der Zeichen inklusive Leerzeichen und nicht Buchseiten. So können Verlagsmitarbeiter besser kalkulieren.

Abbildungen: Falls Sie Abbildungen planen, geben Sie an, wie viele es etwa werden sollen und um welche Art von Abbildungen es sich dabei handelt: Strichzeichnungen, Grafiken oder Fotos? Sollen die Abbildungen einfarbig schwarz, in Graustufen gedruckt oder vierfarbig werden? Versuchen Sie im Exposé mit Schwarz-Weiß oder Graustufen-Abbildungen auszukommen. Die Druckkosten für mehrfarbige Bücher sind um ein Vielfaches höher und können einen Verlag abschrecken. Das Thema können Sie eventuell wieder ansprechen, wenn Sie bereits in konkreten Verhandlungen sind.

Termine: Nennen Sie den frühestmöglichen Termin für die Abgabe des vollständigen Buchmanuskriptes. Überschätzen Sie sich dabei nicht und planen Sie extra Zeit ein. Geben Sie an, ob Sie einen Wunschtermin für die Veröffentlichung haben, der mit anderen Aktivitäten zusammenhängt und Crossmarketing ermöglicht, zum Beispiel, wenn das Buchthema gleichzeitig Ihr neues Vortragsthema ist und Sie eine Werbekampagne für Buch und Vortrag planen.

Zielgruppe: Für wen schreiben Sie das Buch?

Marktumfeld: Welche anderen Bücher zu Ihrem Thema gibt es bereits? Wichtig sind nur Bücher, die noch lieferbar sind und

Marktrelevanz haben. Nennen Sie Buchtitel, Autor, Umfang, Ausstattung, Erscheinungsjahr, den Preis und den Verlag. Selbst wenn es mehrere Bücher zu Ihrem Thema gibt, muss das kein Ausschlusskriterium sein. Verlagsmenschen sprechen dann nicht von Konkurrenz, sondern von »Vergleichsliteratur«. Wenn ein Thema verkaufsträchtig ist, kann es auf dem Markt mehrere erfolgreiche Bücher nebeneinander geben. Sie sollten aber beschreiben können, worin sich Ihr Buch von den anderen unterscheidet.

Autoreninfos: Wer sind Sie? Was ist Ihr Expertenwissen und Ihre Story, die Sie zum perfekten Autor für dieses Buch machen? Können Sie das Thema für Leser und Presse glaubwürdig vertreten? Kurz: Verfügen Sie über die notwendige Absenderkompetenz? Beschreiben Sie kurz Ihren Werdegang, Ihre beruflichen Stationen und die für das Buchthema relevanten Qualifikationen sowie, falls vorhanden, Ihre bisherigen Veröffentlichungen.

Gliederung: Fügen Sie Ihrem Exposé eine vorläufige Gliederung bei. Wie viele Kapitel und gegebenenfalls Unterkapitel gibt es? Wie heißen sie? Machen Sie die Struktur Ihres Buches deutlich.

Leseprobe: Bei einem Sachbuch, Fachbuch oder Ratgeber müssen Sie das Buch noch nicht komplett geschrieben haben, wenn Sie sich an Literaturagenturen oder Verlage wenden. Das ist sogar ein Nachteil, denn der Verlag will in den Prozess des Schreibens eingebunden sein. Sie sollten aber mindestens ein Kapitel als Leseprobe mitschicken, damit klar wird, wie Sie schreiben, wie verständlich Sie Inhalte darstellen können und wie Ihr Schreibstil ist. Ein Probekapitel von ungefähr 20 Seiten reicht für die erste Beurteilung meist aus.

Kurztext: Umreißen Sie den Inhalt des Buches in einem Kurztext mit einem Umfang von einer halben bis maximal einer Seite. Was ist Ihre zentrale Aussage? Welche Haltung steht dahinter? Welche Thesen verfolgen Sie? Was ist Ihre Message?

Verkaufs- und Marketingargumente: Ein Verlag muss Ihr Buch nicht nur interessant finden, sondern auch daran glauben, es gut verkaufen zu können. Sammeln Sie schon für Ihr Exposé alle möglichen Verkaufs- und Marketingargumente.

USP: Der USP (unique selling proposition) bezeichnet das, was Ihr Buch einzigartig macht. Das kann zum Beispiel ein Alleinstellungsmerkmal sein (das Thema oder die These ist auf dem Buchmarkt neu), eine besondere Perspektive auf Ihr Thema oder Ihr herausragender Status als Experte. Seien Sie kreativ – einen USP sucht jeder Verlag schon bei der Autorenakquise.

Multiplikatoren: Kennen Sie wichtige Multiplikatoren, die die Verbreitung Ihres Buches unterstützen können? Das können Kapazitäten in Ihrem Fachgebiet, andere erfolgreiche Wirtschaftsbuchautoren oder auch einfach nur prominente Persönlichkeiten sein. Wären diese Personen eventuell sogar bereit, ein Testimonial für Ihr Buch abzugeben, das der Verlag für Werbung und die Buchrückseite nutzen kann?

Pressekontakte: Haben Sie persönliche Kontakte zu Journalisten, die Sie für eine Rezension gewinnen könnten? Nennen Sie deren Namen und das Medium.

Netzwerk: Verfügen Sie über ein Netzwerk an Personen, die sich für Ihr Buch interessieren könnten? Newsletter-Abonnenten, Follower auf Twitter oder Instagram, Kontakte in anderen sozialen Netzwerken können dabei wichtig sein. Wie viele Kontakte und welche Reichweite haben Sie?

Auftritte: Beschreiben Sie Ihre Vortragsaktivitäten. Wie viele Auftritte haben Sie voraussichtlich? Wie viele zum Thema des Buches?

PR- und Marketingaktivitäten: Stehen Sie dem Verlag für Veranstaltungen und Pressearbeit rund um das Buch zur Verfügung? Geben Sie Interviews? Planen Sie zum Buch eigene PR- und Marketingaktivitäten? Dieser Punkt ist sehr wichtig, denn heutzutage ist es für Verlage sehr schwer, die Nachfrage nach einem Buch alleine anzukurbeln. Selbst große Verlage sind auf die Aktivitäten von Autoren angewiesen.

Buchabnahme: Planen Sie, ein gewisses Kontingent von der Erstauflage Ihres Buches selbst zu kaufen? Entweder, um es als Give-away oder Präsent für Ihr Publikum oder Ihre Kunden zu nutzen, oder um es eventuell selbst über Ihre Website oder nach Ihren Auftritten zu verkaufen? Eine Eigenabnahme ist ein sehr wichtiges Argument für Verlage. Viele Bücher von Speakern, Trainern oder Coaches werden erst veröffentlicht, weil sie eine Abnahme im mittleren dreistelligen oder gar im vierstelligen Bereich zusichern.

Buchabnahme und Rabatte

Wenn Sie Bücher selbst vom Verlag kaufen, bekommen Sie einen Rabatt, der von Verlag zu Verlag unterschiedlich sein kann, aber letztlich bis zu einer Grenze frei verhandelbar ist. Was Sie wissen sollten: Buchhändler erhalten ungefähr zwischen 25 Prozent (sehr kleine Buchhandlungen) und 50 Prozent (Amazon) Rabatt auf ein Buch. Für Autoren ist ein Rabatt zwischen 25 und 40 Prozent üblich, je nach Menge und Verkäuflichkeit des Buches. Je größer ein Verlag die Verkäuflichkeit des Buches einschätzt, desto eher ist er bereit, einen höheren Rabatt zu geben. Manche Fachbücher rechnen sich für den Verlag aber nur, wenn Autoren ein paar hundert Exemplare mit einem niedrigen Rabatt kaufen.

Manchmal gibt es eine Art Spiel, bei dem Sie den Rabatt auf ihre Bücher und Ihr Autorenhonorar gegeneinander abwägen können. Wenn Sie sicher sind, selbst viele Bücher verkaufen zu können, verhandeln Sie lieber einen hohen Rabatt und geben beim Honorar ein Prozent nach. Gerade wenn Sie als Einsteiger ein Fachbuch veröffentlichen, kommt es nicht auf das eine Prozent an. Verdienen werden Sie über den Verkauf im Buchhandel ohnehin kaum etwas. Verhandeln Sie lieber einen höheren Rabatt, denn wenn Sie selbst verkaufen, wandert die Differenz zwischen dem gebundenen Ladenpreis und Ihrem Einkaufspreis direkt auf Ihr Konto! Veröffentlichen Sie dagegen ein Sachbuch mit Bestsellerpotenzial, lohnt sich jedes Prozent beim Autorenhonorar. Sieht der Verlag in Ihrem Buch einen möglichen Bestseller, haben Sie sowieso gute Karten. Dann werden Sie sowohl eine angemessene Honorarstaffel als auch einen guten Rabatt verhandeln können.

Wie Sie den richtigen Verlag für Ihr Buch finden

Die beiden Wege zu einem Verlag haben Sie bereits kennengelernt: entweder vermittelt über eine Literaturagentur oder durch direkte Verlagsansprache. Noch vor wenigen Jahren waren Literaturagenten auf dem deutschsprachigen Markt kaum verbreitet, das hat sich inzwischen geändert. Die Mehrzahl der Buchverträge kommt heute über Agenturen zustande. Meist sind sie aufgrund ihrer Erfahrung und ihrer Marktposition in der Lage, einen höheren Vorschuss auf das zu erwartende Autorenhonorar auszuhandeln als ein Autor selbst. Und da sich die Agenten auch während des Schreibens und vor allem bei der Vermarktung der Bücher für ihre Autoren stark machen – schließlich erhalten sie selbst meist 15 Prozent vom Honorar des Autors – ist das auch nicht unbedingt ein Nachteil. Außerdem kümmern sich Agenten um die Vertragsmodalitäten und die Abrechnungen mit den Verlagen. Aber wie bei allem ist es eine Frage Ihrer persönlichen Vorliebe und Ihrer Marktkenntnis, ob Sie lieber direkt einen Deal mit dem Verlag machen oder einen Agenten einschalten. Viele Buchexperten können Sie nämlich auch beraten, wenn Sie selbstständig verhandeln möchten.

Als Keynote Speaker ist Ihre Position sogar ausgesprochen gut. Auf der inhaltlichen Ebene bedeutet das nämlich: Sie verfügen über umfangreiches Expertenwissen. Auf der geschäftlichen Ebene haben Sie ebenfalls einiges zu bieten: Sie kennen bereits eine Menge Leute, die sich für Ihr Buchthema interessieren, sei es durch Ihre Tätigkeit als Speaker oder als Experte. Oder durch Ihren Beruf, in dem Sie sich Ihre Expertise aufgebaut haben. Podcaster, Blogger oder Influencer haben bereits eine Zielgruppe und direkte Kontakte zu potenziellen Buchkäufern. Das ist enorm hilfreich bei der Verlagssuche. Was hinzukommt: Jeder Ihrer Auftritte ist Werbung für Ihr Buch. Das ist für einen Verlag unbezahlbar. Und an jedem Buch, das Sie selbst auf Veranstaltungen oder über Ihre Website verkaufen, verdient auch der Verlag mit. Das ist ein weiteres Argument für Sie. Als Speaker sind Sie wirklich prädestiniert dafür, ein Sachbuch zu schreiben und zu vermarkten.

Welche Verlage kommen für Sie infrage? In der deutschsprachigen Verlagslandschaft werden die großen Publikumsverlage mit Sachbuchprogramm einen Speaker wahrscheinlich nur dann unter Vertrag nehmen wollen, wenn er bereits sehr erfolgreich und prominent ist. Da Ihr Buchthema wahrscheinlich auf irgendeine Weise mit Wirtschaft zu tun hat – Sie werden ja in erster Linie von Unternehmen und Verbänden gebucht, um deren Publikum Impulse zu geben – sind die führenden Wirtschaftsbuchverlage eine gute Adresse. Hier einige Beispiele in alphabetischer Reihenfolge:

Führende Wirtschaftsbuchverlage im deutschsprachigen Raum

- Campus (Sachbuch, Ratgeber, Fachbuch)
- Econ (Sachbuch)
- Frankfurter Allgemeine Buch (Fachbuch)
- Gabal (Ratgeber, Fachbuch)
- Hanser (Fachbuch)
- Haufe (Fachbuch, Ratgeber)
- Linde (Ratgeber, Fachbuch) – Österreich
- Murmann (Sachbuch, Ratgeber)
- Orell Füssli (Sachbuch, Fachbuch) – Schweiz
- Redline (Sachbuch, Ratgeber, Fachbuch)
- Schäffer-Poeschel (Fachbuch)
- Springer Gabler (Fachbuch)
- Wiley-VCH (Fachbuch)

Ich empfehle Ihnen, sich mit den Programmen der Verlage einmal zu beschäftigen. Schauen Sie sich die aktuellen Verlagsprogramme an. Sie finden Sie jeweils auf der Website des Verlages, meist im Bereich »Handel« oder »Vorschau«. Sie werden sehr bald sehen, welcher Verlag Ihnen sympathisch ist und Bücher mit einer ähnlichen Grundhaltung wie Ihre veröffentlicht. Es gibt Verlage, die eher konservativ orientiert sind, andere trauen sich etwas und sind deutlich moderner. Das sehen Sie sogar den Covern der verschiedenen Bücher eines Verlages an! Gehen Sie auch in eine große Buchhandlung und schauen Sie, welche Bücher dort wirklich in den Regalen stehen. Und nicht zuletzt noch ein Tipp zur Verlagssuche: Schauen Sie sich an, wo andere Speaker veröffentlichen, die ungefähr auf einer Stufe mit Ihnen stehen oder auf der Bekanntheitsskala schon ein oder zwei Ebenen weiter sind. Das ist ein guter Anhaltspunkt für Sie.

Als Buchautor bekommen Sie natürlich ein Honorar. Es bemisst sich an den Verkaufszahlen: Für jedes verkaufte Buch erhalten Sie einen Prozentsatz vom Nettoladenpreis des Buches. Die meisten Verlage bieten eine Honorarstaffel an, bei der der Prozentsatz steigt, wenn eine gewisse Anzahl an Büchern bereits verkauft ist. Bei Sachbüchern steigt man zwischen 8 und 10 Prozent ein, die Staffel kann bis zu 13 Prozent hochgehen, bei Fachbüchern und Ratgebern fangen die Staffeln bei 7 Prozent an und enden auch früher. Reich werden Buchautoren nur ganz selten. Lassen Sie uns das an einem kleinen Beispiel zeigen. Nehmen wir an, Sie veröffentlichen ein Sachbuch zum Ladenpreis von 20 Euro und erhalten 10 Prozent Honorar. Nach Abzug der Mehrwertsteuer (bei Büchern 7 Prozent), bekommen Sie für jedes verkaufte Buch rund 1,87 Euro. Und da Sie durch das obige Beispiel bereits wissen, wie wenig sich selbst in den Medien präsente Bücher verkaufen, können Sie sich ausrechnen, was dabei herauskommt.

Zusätzlich zu diesen »Prozenten« zahlen die meisten Sachbuch- und Ratgeberverlage ihren Autoren einen Vorschuss auf das zu erwartende Honorar als Garantiezahlung. Dieses Garantiehonorar soll den Aufwand des Autors beim Schreiben des Buches entlohnen, der durchaus mehrere Monate und manchmal noch einen längeren Zeitraum umfasst. Das Garantiehonorar ist unabhängig von den Verkaufszahlen. Selbst wenn Ihr Buch floppen sollte, müssen Sie dieses Geld nicht zurückzahlen. Gleichzeitig ist es jedoch auch voll mit den Prozenten aus der Honorarstaffel verrechenbar. Für unbekannte Autoren liegt der Vorschuss im Bereich zwischen 2000 und 5000 Euro. Nur bereits erfolgreiche Autoren können einen höheren Vorschuss erzielen. Viele Verlage bieten auch gar keinen Vorschuss, zum Beispiel die meisten kleineren Fachbuchverlage. Um das Beispiel von oben zu erweitern, nehmen wir an, Sie bekommen satte 5000 Euro Garantiehonorar und Ihr Buch kostet brutto 20 Euro, dann erhalten Sie theoretisch die oben genannten 1,87 € pro Buch. Sie müssen jedoch erst mehr als 2673 Bücher verkaufen, um überhaupt in die Gewinnzone zu kommen beziehungsweise über das Garantiehonorar hinaus auch an den Buchverkäufen zu partizipieren. Das bedeutet »voll verrechenbar«.

Einige Verlage haben auch ein eigenes Hörbuch-Programm. Gerade Wirtschaftsbücher sind ein beliebtes Genre für die »Zweitverwertung« eines Stoffes in Form eines Hörbuches. Die Zielgruppe ist viel auf Reisen und hat wenig Zeit zu lesen. Auch die Rechte für das Hörbuch wird sich jeder Verlag sichern wollen, wenn er einen Vertrag mit Ihnen schließt. Nutzt er diese Möglichkeit der Verwertung aber nicht selbst und vergibt auch keine Lizenz an einen speziellen Hörbuchverlag, empfehle ich Ihnen, sich diese Rechte zurückzuholen. Dann können Sie Ihr Buch selbst einsprechen und vermarkten.

Übrigens: Hüten Sie sich vor Verlagen, die Geld von ihnen verlangen, damit sie Ihre Bücher drucken. Solche Angebote sind unseriös. Publizieren Sie in einem solchen Verlag, dann schadet das Ihrem Ruf. Selbst wenn im Moment kein »richtiger« Verlag Ihr Buch veröffentlichen möchte, lassen Sie die Finger davon. Wählen Sie lieber den Weg des Selfpublishing.

Alternative: Selfpublishing

Eine Alternative zur Veröffentlichung in einem Verlag ist Selfpublishing. Sie können dafür selbst einen Verlag gründen oder professionelles Selfpublishing über Dienstleister oder Amazon nutzen. Haben Sie als Blogger, Influencer oder Podcaster, als Experte oder gar als Speaker bereits eine eigene Community aufgebaut, dann gibt es noch eine weitere Möglichkeit: Sie können Ihr Buchprojekt mithilfe von Crowdfunding finanzieren und unabhängig davon ein Buch auch komplett auf eigene Faust veröffentlichen. Damit können Sie sogar mehr verdienen als wenn Sie bei einem Verlag unter Vertrag sind, aber Sie bekommen auch weniger Renommee.

Mit meinen bisherigen Büchern bin ich bereits fast jeden dieser möglichen Wege gegangen: Mein erstes kleines Buchprojekt, das *Little Life Changing Booklet,* habe ich als Selfpublisher bei Amazon veröffentlicht. Für das zweite Buch, *Palmen in Castrop-Rauxel,* haben mein Co-Autor und ich die Produktion auf eigene Faust mit Crowdfunding finanziert, einen eigenen Verlag gegründet und das Buch im Alleingang in die Buchhandlungen gebracht. Ich habe mit Literaturagenten zusammengearbeitet, Lizenzen für Hörbücher und Auslandsausgaben verkauft und für dieses Buch einen direkten Verlagskontakt genutzt, diesmal ohne Agent. Die einzige gängige Variante, die ich noch nicht selbst ausprobiert habe, ist das Selfpublishing über einen Dienstleister wie Books on Demand (BoD) oder Epubli.

Selfpublishing ist heutzutage anerkannt und nicht mehr mit dem Makel behaftet wie vor einigen Jahren. Allerdings gewinnen Sie dadurch auch nicht an Renommee wie mit einer Publikation bei einem bekannten Verlag, und Sie werden auch nicht dieselbe Medienaufmerksamkeit erhalten. Doch wenn Sie am Anfang stehen und sich auf dem Rednermarkt positionieren möchten, ist es sogar sinnvoll. Denn wenn Sie ein Buch bei einem Verlag veröffentlichen, braucht das einen enormen Vorlauf. Wer die Buchbranche nicht kennt, ist davon überrascht. Von der Idee bis zum fertigen Buch im Buchhandel können manchmal

Jahre vergehen. Selfpublishing geht deutlich schneller. Sie können zum Beispiel einen Blogartikel ausbauen und als 50-seitiges E-Book ausarbeiten. Es muss am Anfang nicht unbedingt ein gedrucktes 250-Seiten-Werk sein. Auf der anderen Seite ist ein erfolgreiches Selfpublishing-Projekt manchmal auch ein Türöffner für ein Anschlussprojekt bei einem großen Verlag.

Schreiben

Selbst wenn Sie das Schreiben gewohnt sind und zum Beispiel Artikel oder Blogbeiträge schreiben, ein Buch ist doch etwas anderes, gerade wenn es über 200 Seiten haben soll und bei einem Verlag veröffentlicht wird. Nehmen Sie sich ausreichend Zeit dafür. Ein schlechtes Buch führt Sie nicht zu Ihrem Ziel, Ihren Wert als Keynote Speaker zu steigern. Dabei kann Ihnen ein Schreibcoach helfen. Ein Coach gibt Ihnen regelmäßig Feedback zu dem, was Sie geschrieben haben. Er kann Sie warnen, wenn Sie auf ein falsches Gleis geraten. Und er kann Sie dazu bringen, fokussierter zu schreiben. Viele Buchexperten, die Sie beraten, sind auch Schreibcoaches.

Wenn Sie keine Zeit zum Schreiben haben oder lieber auftreten, weil Sie damit mehr Geld verdienen, können Sie sich eine andere Form der Unterstützung holen: einen Ghostwriter. Ghostwriter sind Fachleute, die Bücher für andere schreiben. Sie tauchen nicht namentlich im Buch auf und arbeiten für die Leser im Verborgenen. Das ist überhaupt nicht ungewöhnlich. Es sollte sich für Sie auch nicht falsch anfühlen, wenn Sie *Ihr* Buch nicht alleine schreiben. Bei meinem Influencer-Verlag arbeiten die Autoren sehr häufig mit Ghostwritern. Nicht (nur), weil den Leuten die Schreiberfahrung fehlt, sondern insbesondere, weil erfolgreiche Influencer der deutschen Top 50 schlichtweg keine Zeit haben. Das gleiche Argument gilt auch für erfolgreiche Speaker. Nur weil jemand einen Ghostwriter hat, heißt das nicht, dass er nicht schreiben kann. Er hat – wie Influencer, Politiker oder Prominente – vielleicht einfach nicht die Zeit.

Wenn Sie einen Ghostwriter beschäftigen, müssen Sie vorher ein ausführliches Briefing-Gespräch führen, um Ihre Thesen, Ihre Haltung und Ihre Ziele mit dem Buch abzuklären. Manche »Ghosts« veranstalten zum Kick-off eines Buchprojektes einen Workshop mit Ihnen, um das Konzept, die Positionierung, die Thesen und eine Gliederung für das Buch zu entwickeln. Um Input und O-Töne zu bekommen, führen sie Interviews mit Ihnen. Sie können auch selbst Textmaterial sammeln, indem Sie zum Beispiel immer, wenn Sie Ideen für Ihr Buch haben, diese mit dem Handy aufnehmen und als Content-Basis liefern. Der Co-Writer bringt das Material in Absprache mit Ihnen in die richtige Form oder verfasst das Manuskript auf der Grundlage der Interviews und eigener Recherche. Über den Stand der Dinge lassen Sie sich regelmäßig informieren. Prüfen Sie kontinuierlich, ob das Buch in die richtige Richtung läuft und ob das Thema nach ihren Vorstellungen getroffen wird. Planen Sie genug Zeit ein, um das Manuskript des Ghostwriters am Ende komplett zu lesen und Passagen, die Sie lieber anders haben wollen, zu ändern. Ohne Ihre aktive Mitarbeit wird Ihnen kein Ghostwriter ein gutes und einzigartiges Buch schreiben können, das Ihre Positionierung genau trifft.

Wenn Sie bei einem Verlag veröffentlichen, können Ihnen die Kollegen aus dem Lektorat garantiert Experten empfehlen, die Sie beim Schreiben unterstützen oder es Ihnen ganz abnehmen. Ansonsten hat Ihr Buchexperte ebenfalls mit Sicherheit passende Kontakte. Die Bezahlung von Ghostwritern und Co-Writern läuft meist über einen Festpreis, den Sie nach einem Angebot des Dienstleisters verhandeln. Für ein populäres Sachbuch von über 200 Seiten zahlen Sie für einen erfahrenen Ghostwriter bis zu 20 000 Euro oder sogar mehr. Der Preis hängt auch davon ab, wie viel Material Sie selbst als Input liefern können, wie kurzfristig Sie das Manuskript brauchen und wie langfristig Sie eine Zusammenarbeit planen.

Vermarktung

Ein Buch ist kein Selbstläufer. Nur wenn Sie bei der Vermarktung mithelfen, haben Sie eine Chance auf Erfolg. Machen Sie sich darüber schon frühzeitig Gedanken. Im Idealfall haben Sie bereits bei oder nach Vertragsabschluss mit dem Verlag vereinbart, wie Sie Multiplikatoren und Ihre Pressekontakte mit Rezensionsexemplaren versorgen. Bücher, die Sie selbst mit einem persönlichen Begleitschreiben versenden, stellt Ihnen der Verlag normalerweise kostenlos zur Verfügung. Sie müssen sich dabei nicht bei Ihren vertraglich zugesicherten Freiexemplaren – das sind meist zehn bis zwanzig Bücher – bedienen, sondern bekommen ein weiteres Kontingent zur Verfügung gestellt. Manche Verlage übernehmen auch gleich den Versand für Sie.

Ihr Buch hat den größten Effekt, wenn Veröffentlichungstermin, Interviews mit Medien, das Pushen Ihres Themas, PR- und Marketingmaßnahmen vom Verlag und von Ihnen selbst genau zusammenfallen. Sie vergeuden Energie, wenn Sie ein neues Vortragsthema haben, dazu eine PR-Kampagne fahren und erst ein Jahr später erscheint das Buch. Umgekehrt ist es schlecht, wenn Sie mit Ihrem Buch durchschlagenden Erfolg in den Medien haben und keinen Vortrag dazu anbieten können. Das Buch kann einen gewissen Vorlauf haben, denn auch die Redaktionen der Medien brauchen einen Vorlauf, um das Buch zu lesen und eine Rezension zu planen. Gerade Wirtschaftsmedien haben Schwerpunkte. Hat *Brand Eins* oder das *Manager Magazin* ihr Thema drei Monate vor Veröffentlichung bereits als Schwerpunktthema behandelt, dann wird Ihr Buch keinen großen Raum mehr bekommen. Auch hier muss das Timing stimmen. Es lohnt sich also, den Veröffentlichungstermin mit dem Verlag genau zu planen und ihn nicht auf Kante zu nähen. Ihre eigene Marketingoffensive mit begleitenden Maßnahmen wie Podcasts, Blogbeiträgen oder Newsletter-Marketing sollten Sie bereits einige Monate vor dem Erscheinen des Buches vorbereitet haben.

Noch eine Bemerkung zum Schluss: Ihr erstes Buch wird in den seltensten Fällen ein Bestseller. Auch in der Buchbranche müssen sich die meisten Autoren erst einen Ruf aufbauen. Es gibt Autoren, die erst mit dem dritten oder vierten Buch wirklich erfolgreich wurden. Andere landen einen überraschenden Bestseller, den sie eigentlich gar nicht mehr toppen können, und das nächste Buch verkauft sich dann nicht so häufig. Auch das ist nicht schlimm. Selbst wenn Ihr Buch kein besonderer Verkaufserfolg wird, allein, dass Sie ein Buch veröffentlicht haben, ist ein Kompetenznachweis und steigert Ihr Ansehen. Ein etablierter Verlag potenziert diesen Effekt einmal: Sie profitieren vom Renommee des Verlags. Kontinuierliches Wachstum bei jeder Veröffentlichung können Sie als Autor nicht planen. Davon dürfen Sie sich nicht entmutigen lassen. Bleiben Sie dran. Auf lange Sicht werden Bücher Ihnen helfen, neue Kunden zu gewinnen und Ihr Geschäft als Keynote Speaker nach vorne zu bringen!

7. Service – von der Anfrage zum Auftrag

In den vorherigen beiden Kapiteln haben wir uns damit befasst, wie Sie als Keynote Speaker verschiedene Marketingkanäle nutzen, um Veranstalter auf Ihre Website zu führen und sie dann dazu bringen, Sie als Keynote Speaker anzufragen. Der Prozess der Verwandlung von potenzielle in echte Kunden ist aber noch nicht abgeschlossen. Was fehlt, ist der entscheidende dritte Schritt von der Anfrage zum Auftrag. Ich nenne diesen letzten Teil in Ihrem Funnel »Service«, weil hier die direkte und persönliche Betreuung, der »Dienst am Kunden« besonders wichtig ist. Gehen wir den Ablauf beim Service einmal genau durch. Was passiert, wenn Sie eine Anfrage erhalten? Wie gewinnen Sie den Kunden für sich?

Anfrage und Angebot

Anfragen erhalten Sie über eine Redneragentur, per E-Mail, über das Kontaktformular Ihrer Website oder telefonisch – in der Regel drei bis sechs Monate vor dem Event. Manchmal klopfen die Auftraggeber auch bis zu eineinhalb Jahre vorher an. Mindestens vier Wochen im Voraus sollte die Anfrage Sie erreichen. Ansonsten wird es sowohl logistisch als auch hinsichtlich der Vorbereitung schwierig. Schließlich müssen Sie den Vortrag, oder eine Kombination aus mehreren, an den Anlass, das Publikum und an die vorgesehene Rededauer anpassen und ihn dann einüben. Bei zu kurzem Vorlauf kann das ganz schön stressig werden. Ich mache so etwas nur in Ausnahmefällen , wenn ich den Veranstalter schon kenne und beiden Seiten klar ist, was sie voneinander erwarten können.

Die konkrete Anfrage für einen Vortrag kommt von einer Führungskraft, wie zum Beispiel der nun schon bekannten Marketingleiterin. Vor allem bei größeren Unternehmen ist es auch oft jemand aus dem Personalbereich. Einige größere Unternehmen haben eine eigene Event-Abteilung, oder sie beauftragen ein externes Event-Team, das die Veranstaltung durchführt und Sie als Speaker anfragt. Es kommt auch häufig vor, dass etwa die Assistentin eines Vorstandes anfragt oder manchmal auch ein Praktikant. Für einen meiner ersten Vorträge überhaupt erhielt ich eine Anfrage, die völlig unverständlich war, die Sätze hatten gar keinen Sinn ergeben. In einer Antwortmail habe ich mich erkundigt, was das Unternehmen genau möchte. Es stellte sich heraus, dass die Assistenz des Geschäftsführers für die Anfrage Copy-and-Paste-Bausteine aus der PowerPoint-Präsentation für die Veranstaltung verwendet hatte und diese einfach hintereinander ohne Punkt und Komma in das Kontaktformular geworfen hatte. Nachfragen auf solche Mails bedeuten einen Extra-Aufwand, doch in diesem Fall hatte es sich gerade für mich als Einsteiger gelohnt: Den Auftrag habe ich am Ende erhalten.

Als Einsteiger habe ich Kundenanfragen immer selbst bearbeitet, doch wenn Sie regelmäßig als Speaker auftreten, ist das nicht mehr möglich. Sie haben gar nicht die Zeit dafür, weil Sie unterwegs sind oder sich gerade auf eine Veranstaltung vorbereiten oder ein neues Buch oder eine neue Rede schreiben. Eine angestellte oder freie Assistenz oder ein externer Büro-Service erweisen sich als enorme Unterstützung, um zügig reagieren zu können. Sind Sie nämlich nicht erreichbar und warten mit der Rückmeldung zu lange, wirken Sie unprofessionell, und im schlimmsten Fall ist dann bereits ein anderer Speaker gebucht. Die meisten Anfragen sind ja nicht exklusiv; der Auftraggeber streut wahrscheinlich drei oder vier Anfragen für denselben Slot. Eine Assistenz kann auch schon im Vorfeld konkrete Informationen einholen und erste inhaltliche Fragen klären. Eine kostengünstigere Lösung als eine eigene Assistenz ist es, ein Telefonbüro zu beauftragen, das Anrufe entgegennimmt. Es nimmt Ihnen zwar keine weitere Arbeit ab, doch gerade am Anfang ist es wichtig, dass jemand Anrufe annimmt.

Gerade, wenn Sie noch im Hauptjob sind, wollen Sie nicht den ganzen Tag Calls annehmen. In jedem Fall ist es am Anfang besser, ein Callcenter zu beauftragen als Anrufe in die Mailbox oder gar ins Leere laufen zu lassen.

Telefon-Services

Zu Beginn Ihrer Rednerlaufbahn empfiehlt es sich, einen Telefonservice zu beauftragen, der Kundenanfragen entgegennimmt, wenn Sie selbst beschäftigt sind. Nach dem Gespräch werden Sie per Mail oder Messenger informiert und können baldmöglichst zurückrufen. Der günstigste der nachfolgend genannten Anbieter ist Starbuero (49 Cent pro Bearbeitungsminute). Die anderen Büros verlangen neben einer Minutenpauschale auch noch eine monatliche Grundgebühr. Die Preise variieren stark und hängen vom Umfang der Nutzung ab:

- Starbuero (https://www.starbuero.de)
- Ebuero (https://www.ebuero.de)
- Bueroservice24 (https://www.bueroservice24.de)
- Telias (https://www.telias.de)

Bei der ersten Kontaktaufnahme sind im Vorgespräch zunächst die Kerndaten wichtig: Wann? Wo? Welcher Auftraggeber? Danach haben sich manche Anfragen sofort erledigt. Der Termin ist nicht mehr frei, oder das Budget passt nicht. Passen die Kerndaten, können Sie oder Ihre Assistenz weitere Fragen klären und die Kerndaten konkretisieren. Zum Beispiel: »Sie haben mich für das Key-Account-Forum am 10. Oktober angefragt. Haben Sie eine Vorstellung, in welche Richtung das genau gehen soll? Was ist der Charakter der Veranstaltung? Was soll durch den Vortrag erreicht werden?« Dann fangen die Ansprechpartner an zu erzählen: »Der Anlass ist ein Restrukturierungsprogramm« oder »Ihre Keynote soll der Kick-off für einen Strategietag sein«. Teilweise haben die Auftraggeber bereits klare Vorstellungen, welchen Vortrag sie buchen möchten, und manchmal wünschen sie sich eine Kombination aus mehreren Themen oder fragen, welche Rede am besten zum Anlass passen könnte.

Auf dieser Grundlage können Sie, oder eben Ihre Assistenz, im Anschluss an das Erstgespräch ein möglichst konkretes Angebot inklusive Honorarvorstellungen, Zahlungsbedingungen (bei mir: 50 Prozent bei Abschluss, 50 Prozent nach meinem Auftritt) und Geltungsdauer (bei mir: zwei Wochen) schreiben und dem Interessenten per E-Mail zusenden. Dazu noch ein Hinweis: Verbindlichkeit ist für einen Unternehmer wie Sie eigentlich selbstverständlich. Aber in der Realität gibt es genügend Beispiele für schlecht organisierte oder »verpeilte« Selbstständige, die etwa einen Termin zusagen und dann wieder absagen müssen oder die ein Angebot mit einem Fehler rausschicken und sich hinterher korrigieren müssen. Behandeln Sie Ihre Kunden mit Sorgfalt, und seien Sie im Umgang jederzeit verbindlich.

Neben den Kerndaten enthalten meine Angebote auch noch ausgewählte Referenzen, Presse- und Kundenstimmen sowie ein Kurzporträt. Andere Speaker halten das Angebot rein sachlich und senden zusätzlich noch ihr Speaker-Profil an den Interessenten.

Beispiel der Kerndaten eines Angebots für einen Vortrag

Kerndaten:

- Vortrag: nach Absprache (s. u.)
- Veranstaltung: »Name der Kundenveranstaltung«, Datum, Ort
- Umfang: ca. 30 – 60 min. Vortrag + gegebenenfalls anschließende Q&A/Diskussion/Signierstunde (nach Absprache)
- Sprache: Deutsch oder Englisch
- Zielgruppe: tbd

Mögliche Vorträge:

- Keynote-Vortrag 1 (mit Kurzbeschreibung)
- Keynote-Vortrag 2 (mit Kurzbeschreibung)

- Keynote-Vortrag 3 (mit Kurzbeschreibung)

Honorar und Zahlungsbedingungen:

- Vortragshonorar: XX Euro (zuzüglich Reisekosten und 19 Prozent MwSt.)
- Zahlungsbedingungen: 50 Prozent bei Auftragsbestätigung, 50 Prozent nach dem vereinbarten Veranstaltungsdatum.
- Geltungsdauer des Angebots
- Verweis auf die AGB

Optional, falls nicht im separaten Speaker-Profil:

- ausgewählte Referenzen
- Presse- und Kundenstimmen
- Kurzporträt von Ihnen als Speaker
- Beispielfotos

Ein solches Angebot ist eine gute Grundlage für die Entscheider. Begleiten Sie das Schreiben immer auch mit der Bereitschaft, Ihnen jederzeit weitere Fragen stellen zu können. Entwickeln Sie zudem eine Routine, wann Sie oder Ihre Assistenz nachhaken, falls Sie nichts vom Kunden hören. Sofern nichts anderes vereinbart ist, sollten Sie ungefähr eine Woche Zeit geben. Die Nachfrage kann dann so aussehen: »Haben Sie das Angebot bekommen? Haben Sie noch Fragen? Wann fällt bei Ihnen die Entscheidung?« Das zeigt einerseits Kundenorientierung und verhindert andererseits, dass zu viele Anfragen offen bleiben und Ihnen die Slots für andere Anfragen blockieren.

Ihr Speaker-Profil

Ein Speaker-Profil soll für Sie werben, genauso wie es ein Verkaufsfolder für ein hochwertiges Produkt tut. Trifft eine Anfrage für einen Auftritt ein, geht das Profil mit dem Angebot an den Kunden raus. Es ist ein Werkzeug, um interessierte Veranstalter zum letzten und entscheidenden Schritt in Ihrem Funnel zu bewegen: Sie sollen Sie buchen.

Das Profil stammt ursprünglich aus einer Zeit, als es noch kein Internet gab und Informationen durch Printprodukte übermittelt wurden. Als gedruckte Version hat es heute vor allem repräsentative Zwecke: Je nach Positionierung drucken manche Redner ihr Profil teilweise mit Sonderfarben (Silber oder Gold!) auf hochwertigem Papier (mit Prägung!). Das soll die Wertigkeit des Speakers betonen und sein Image stärken. Eine gedruckte Version können Sie auch zu Ihren Auftritten mitnehmen. Lernen Sie dort interessante Leute und potenzielle neue Kunden kennen, können Sie damit gleich Eindruck machen.

Die Inhalte des Speaker-Profils sind denen der Website sehr ähnlich, denn damit verfolgen Sie dasselbe Ziel: Anfragen generieren. Gleichzeitig soll das Profil Ihr Expertenwissen, Ihre persönliche Story und Ihre Leistung als Speaker transportieren. Die Art der Darstellung kann sich allerdings unterscheiden: Während es bei der Website darauf ankommt, so kompakt und schnell wie möglich ein klares Bild von Ihnen, Ihrer Positionierung und dem Nutzen Ihrer Vorträge zu bekommen, haben Sie beim Profil größere Freiräume. Hier können Sie auf »Langstrecke« setzen.

Das Speaker-Profil beinhaltet mehr Fotos, mehr Text, mehr Testimonials und Referenzen, und anstelle von kurzen Pressezitaten können Sie schon mal einen »Ausriss« aus einem Magazin oder einer Zeitung abbilden und damit deren Authentizität auf direktem Wege steigern. Sie haben mehr Raum für Ihre Verkaufsargumente und für Persönliches, zum Beispiel für Ihre Story und Ihre Message. Sie können Ihren Werdegang ausführlich darstellen und Ihr Expertenwissen nachweisen. Manche Speaker tun dies, indem sie Auszeichnungen und Preise nennen, sei es als Speaker oder Experte. Gerade für Speaker gibt es sehr viele »Preise« mit schönen goldenen Logos in Form von Medaillen oder eines Siegerkranzes oder einer Schleife, die Namen wie »Excellence Award« oder »Vortragsredner des Jahres« tragen und von einem Speaker-Portal oder Expertenkommissionen verliehen werden. Die Branche weiß sich zu inszenieren und zu feiern, und es spricht nichts dagegen, wenn Sie dabei mitmachen. Mitgliedschaften in Fachgremien untermauern Ihre Expertise, Engagements für gemeinnützige Organisationen können Ihre Story und Ihre Message stützen, wenn es inhaltlich passt. Und auch Lehraufträge oder Buchveröffentlichungen mit Cover und Werbetext gehören ebenso in Ihr Profil, eventuell sogar eine aussagekräftige Leseprobe oder außergewöhnliche Verkaufszahlen.

Wenn es um die Inhalte Ihres Profils geht, können Sie auch kreativ sein. Es darf durchaus unterhaltsame Elemente geben: Beliebt sind ausführliche Angaben, die die Keynote Speaker ihren Kunden mithilfe von Zahlen näherbringen: 5000 Kontakte bei XING und LinkedIn, 30 000 Instagram-Follower, 2000 Newsletter-Abonnenten, 7 veröffentlichte Bücher, 100 000 Kilometer als Speaker gereist, 23 bereiste Länder, 543 Auftritte, Körper- oder Schuhgröße, Geburtstag oder -jahr, die Anzahl ihrer Anzüge oder Kostüme und, und, und. Je nach Thema kommt auch Fachspezifisches infrage, bei einem Experten für Startups zum Beispiel die Anzahl der gegründeten Unternehmen oder die der erstellten Business-Pläne. Ob Sie solche Dinge von sich mitteilen möchten, ist Geschmackssache. Vielleicht halten Sie es für völligen Quatsch, Ihre Schuhgröße oder die Anzahl Ihrer Auftrittskostüme anzugeben – geschenkt. Wenn Sie sich aber dafür entscheiden, eine solche Seite in Ihr Profil zu integrieren, dann stellen Sie sich die Frage, ob die Zahlen auch wirklich Ihr Image fördern oder ob nicht eher das Gegenteil der Fall ist. Es gibt tatsächlich Speaker, die »werben« für sich mit ganzen 343 Xing-Kontakten oder 56 Auftritten ... Manchmal ist Schweigen wirklich Gold.

Wenn Sie beim Lesen der letzten Absätze gedacht haben: »Das ist ja ganz schön viel«, dann haben Sie recht. Manche Speaker-Profile haben einen Umfang von 50 oder auch 100 Seiten! Aber niemand zwingt Sie dazu, so viel Stoff zu sammeln. Ich persönlich verfahre lieber nach der Devise: Relevanz schlägt Umfang.

Brauchen Sie ein hochwertig gedrucktes Profil (also eine klassische »Rednermappe«), ein eigenständiges PDF, oder reicht es wie bei mir als integrierter Bestandteil meines Angebotsschreibens? Das hängt von Ihrer Positionierung ab. Für einen progressiven Digitalisierungsexperten oder einen Vertreter der Generation Z kann ein Printprodukt rückwärtsgewandt wirken, für einen konservativen Digitalisierungsskeptiker ist Print Trumpf. Redner mit klassischen Themen wie Führung, Erfolg, Motivation, Verkauf setzen mit Recht auf eine klassische, repräsentative Profilmappe.

Wenn Sie das Profil drucken und wie eine Mappe binden oder heften lassen, denken Sie daran: Das Wichtigste kommt immer auf eine rechten Seite mit einer ungeraden Seitenzahl. Denken Sie hierbei an ein Buch. Schon das Cover ist eigentlich eine rechte Seite, Formales wie das Impressum steht meistens links. Kapitel beginnen meistens auf einer neuen rechten Seite. Ein gedrucktes Profil erfüllt nur seinen Zweck der Image-Pflege, wenn Layout, Schriftsatz und Fotos absolut professionell sind. Das kann schwieriger sein, als eine Website zu gestalten. Holen Sie sich bei Bedarf einen Schriftsetzer als Dienstleister ins Boot, der auch den Druckprozess (wenn gewünscht inklusive der Goldprägung!) steuern und überwachen kann. Wo Sie sich Hilfe holen können, haben Sie ja bereits im Zusammenhang mit ihrer Website erfahren.

Viele Speaker bieten ihr Profil als PDF zum Download. Und es gibt andere Speaker wie mich, die ihr Profil nur als Bestandteil der Angebotsunterlagen versenden. Egal, wofür Sie sich entscheiden: Ein solches PDF ist sehr wichtig. Denn manche Entscheider in den Unternehmen lassen sich immer noch alles ausdrucken, so auch die Infos zu einem Speaker, den sie eventuell einladen möchten. Und da wirkt ein Profil im A4-Layout einfach besser als einfach von der Website ausgedruckte Unterlagen. Im PDF legen Sie selbst die Reihenfolge der Informationen fest, die Print- und vor allem die Fotoqualität ist deutlich besser.

Verzichten Sie auf eine hochwertig gedruckte Mappe, dann können Sie ein PDF sehr leicht selbst herstellen. Und dazu müssen Sie kein Schriftsetzer sein. Sie brauchen wie bei Ihrer Website nur ein wenig Gefühl für Layout, Lesbarkeit und Design.

Wie Sie Ihr PDF-Profil selbst erstellen

Wer nicht auf eine teure und komplizierte Software wie InDesign oder Photoshop zurückgreifen möchte, kann sich ein Profil auch mithilfe einer intuitiv benutzbaren Software zusammenstellen: Canva (https://www.canva.com). Ich nutze das Programm selbst, um meine PDFs zu erstellen. Es ist zeitgemäß, die Ergebnisse sehen super aus; ich verschicke mein Profil zusammen mit meinem Angebot an Veranstalter und fertig.

Canva ist ein Online-Grafikprogramm, mit dem Sie ganz unkompliziert grafische Elemente wie Schriften oder Icons auswählen und per Drag & Drop in Ihrem Profil platzieren können. Canva gibt dabei Hilfestellungen, die Laien das Arbeiten enorm erleichtern. Es ist so voreingestellt, dass Sie sich um Dinge wie Bildauflösung oder Ähnliches keine Gedanken machen müssen. Und das Allerbeste ist: Tausende von Designern haben bei Canva Vorlagen für alle möglichen Formate erstellt, sei es für Visitenkarten, Briefpapier, Werbung oder eben Verkaufsfolder im A4-Format, die Sie für Ihr Speaker-Profil nutzen können.

Bei Canva arbeiten Sie mit Schablonen, die je nach Verwendungszweck schon in der passenden Größe formatiert sind. Diese Schablonen können Sie mit Ihren Inhalten füllen, entweder indem Sie eine der vielen Vorlagen nutzen und lediglich den Text ändern, oder indem Sie das Layout für Ihre Zwecke individualisieren. Bei Canva haben Sie die Wahl zwischen Millionen von Bildern und Elementen, aber natürlich laden Sie für Ihr Profil eigene, extra angefertigte Bilder hoch.

Um noch bessere Designs zu erstellen und einen durchgängigen grafischen Gesamtauftritt zu bekommen, bietet Canva eine »Design School« an. Dort wird in Blogbeiträgen und Webinaren Wissen anschaulich vermittelt. Außerdem gibt es hier Dutzende professioneller Corporate Designs zum kostenlosen Download, die alles beinhalten, was Sie brauchen: Präsentationen, Visitenkarten und Vorlagen für soziale Netzwerke – alles im Stil Ihres Gesamtauftritts.

Das alles ist so einfach, wie es klingt. Und Canva ist als Grafikprogramm kostenlos, und auch viele Vorlagen kosten nichts, sodass sich bereits zu Beginn Ihrer Karriere hiermit tolle Designs erstellen lassen. Verwenden Sie kostenpflichtiges Grafikmaterial, kostet die Benutzung pauschal 1 US-Dollar pro Bild.

Die gängigen Alternativen für Profis sind Satzprogramme wie InDesign oder die Freeware Inkscape, auch Bildbearbeitungsprogramme wie Photoshop und das kostenlose Gimp kommen theoretisch infrage. Allerdings bleibt deren Bedienung für Laien eine Herausforderung. Ebenfalls kostenlose PDF-Editoren bieten deutlich weniger Möglichkeiten als Canva, und auch mit Word werden Sie mit Sicherheit keine besseren Ergebnisse erzielen, auch wenn Sie Word-Dateien als PDF exportieren können.

Preispolitik

Eine wichtige Frage auf dem Weg vom Angebot zum Abschluss und für Ihr Geschäftsmodell als Ganzes ist Ihre Preispolitik. Wie setzen Sie Ihr Honorar an? Wollen Sie verhandeln oder haben Sie ein festes Honorar? Das ist ein bisschen Geschmackssache. Ich rufe bei Anfragen ein meinem Status (Wert + Bekanntheit) gemäßes Honorar auf. Ich bin für einen realistischen Preis. Nachlässe habe ich nur gegeben, wenn ich dafür eine adäquate Gegenleistung bekommen habe wie die schon angesprochenen Nutzungsrechte an Fotos oder Videos für meine Website. Heute mache ich das nicht mehr.

Manche Speaker sehen die Sache nicht so eng und gehen auch mal Kompromisse ein. Zum Beispiel wenn der Auftritt einen großen Werbeeffekt hat und dort die bereits erwähnten »100 CEOs« sitzen, die sie möglicherweise für Folgeaufträge buchen. Oder wenn der Tag ohnehin noch nicht gebucht und die Veranstaltung quasi um die Ecke ist. Man kann dann auch so rechnen: Lieber einen Auftritt mit etwas weniger Honorar als keinen Auftritt ohne Honorar. Andere Speaker rechnen mit einem »Durchschnittshonorar«. Ihr Ziel ist es, im Schnitt einen bestimmten Betrag zu erzielen. Bei besonders tollen Events treten sie auch mal umsonst auf, dafür fordern Sie bei anderen ein höheres Honorar. Ich habe immer dasselbe Honorar. Ich würde dieses Modell auch empfehlen, denn wie bereits gesagt: Das Honorar eines Speakers bestimmt sich durch den Wert für das Publikum und die Bekanntheit des Redners. Ganz gleich, ob man 30 Minuten redet oder 45 Minuten, der Vortrag an einem Dienstag oder Freitag ist, das alles macht keinen Unterschied.

Es gibt auch Speaker, die bei Honorarverhandlungen besonders hoch einsteigen, um Verhandlungsspielräume zu haben: Ein Speaker, der eigentlich 3000 Euro wert ist, bietet seinen Vortrag gar nicht erst unter 5000 Euro an. Er ruft also bewusst einen »Mondpreis« auf. Da er weiß, dass er in der Liga der 3000-Euro-Speaker spielt, lässt er sich bereitwillig auf 3000 Euro runterhandeln. Das kann man so machen. Ich bin allerdings kein Fan dieser Methode und halte das Vorgehen für unglaubwürdig und in gewisser Weise respektlos dem Kunden gegenüber. Es gibt einen weiteren Nachteil: Veranstalter fragen ja meist mehrere Speaker für ein Thema oder einen Slot an. Wenn Sie also 5000 Euro erwarten und es für dasselbe Honorar auch zwei Profi-Speaker gibt, die anhand ihrer Referenzen schon zwei Schritte weiter sind als Sie, dann wird sich der Veranstalter zunächst um die anderen bemühen. Dann bekommen Sie also gar nicht die Gelegenheit, Ihren Preis auf ein realistisches Niveau zu senken, denn es gibt keine Verhandlung mit

Ihnen. Die Mondpreisstrategie birgt daher die Gefahr, dass man als Anfänger ganz schnell raus ist.

Bei einem ehrlichen, realistischen Angebot müssen Sie nicht zocken und mit ungewissem Ausgang nachverhandeln. Sie machen Ihren Kunden und sich das Leben leichter. Einen weiteren Vorteil von festen Honorarsätzen habe ich bereits angesprochen: Es ist einfacher, wenn Sie mit Agenturen zusammenarbeiten.

Geschafft: Vertragsabschluss und Ausblick

Egal, wie transparent und fair ihr Angebot ist: Es ist nicht möglich, jede Anfrage in einen Auftrag umzuwandeln; bei mir zum Beispiel gelingt das nur bei jeder vierten oder fünften. Zu Beginn meiner Laufbahn als Redner war die Quote noch geringer. Der trivialste Grund für eine Absage ist neben einem für den Veranstalter zu hohem Honorar, dass der Termin einfach nicht passt, weil Sie schon gebucht sind. Oder der Veranstalter hat mehrere Speaker für denselben Slot angefragt, und Sie waren nur die Nummer zwei oder Nummer drei auf der Liste. Zu jedem Thema gibt es nun einmal verschiedene Ansätze. Und manchmal sind Sie zwar der Favorit der Marketingleiterin, aber der Chef möchte doch lieber den Promisportler. Doch wenn der Kunde sich auf Ihr Angebot hin meldet und zusagt, haben Sie es geschafft.

Wenn Sie an diesem Punkt sind und die ersten Aufträge bekommen haben, wissen Sie, dass Ihr Funnel mit all seinen Punkten funktioniert! Damit ist die erste, ganz große Hürde genommen. Danach geht es »nur« noch um das Skalieren. Also darum, langfristig mehr in den Trichter hineinzuführen durch neue Bücher, Content, Werbung und durch die Auftritte selbst. Jeder Auftrag hat das Potenzial, einen oder mehrere Anschlussaufträge zu bringen, wenn Ihre Performance stimmt.

Wenn Sie als Keynote Speaker wachsen, sind Sie bald so weit, dass Sie Ihr Honorar erhöhen können. Wenn Sie Bücher veröffentlichen und Ihre Medienpräsenz steigern, werden Sie immer mehr Anfragen bekommen. Stellen Sie sich einmal vor, Sie bekommen im ersten Jahr 20 Aufträge à 3000 Euro. Dann beläuft sich Ihr Umsatz als Speaker auf 60 000 Euro. Starten Sie durch und haben zwei oder drei Jahre später 50 Auftritte à 6000 Euro, dann können Sie davon schon sehr gut leben. Sie können sich dann entscheiden, noch mehr Vorträge zu halten, oder durch eine weitere Erhöhung Ihres Honorars die Nachfrage zu steuern und gezielt weniger Auftritte zu haben. Gerade wenn Sie den Speaker-Job nur nebenbei machen, kann das nötig werden. Oder Sie brauchen freie Zeit, um sich weiter mit Ihrem Expertenthema zu beschäftigen. Das ist sehr wichtig und sinnvoll für jeden Speaker. Wenn Sie zum Beispiel über neue Geschäftsmodelle reden und Ihre letzte Neugründung liegt 25 Jahre zurück, dann verblasst jede noch so gute Story. Als Keynote Speaker müssen Sie am Puls der Zeit bleiben. Es ist Teil Ihres Jobs.

Ein anderer Zukunftsgedanke ist folgender: Je erfolgreicher Sie werden, desto größer wird Ihre Unternehmung. Sie können dann nicht mehr so viel selbst erledigen wie zu Beginn ihrer Laufbahn. Sie haben dann keine Zeit mehr, Ihre Website mit einem Baukastensystem selbst zu bauen. Sie werden die erste Anfrage eines Kunden nicht mehr selbst entgegennehmen. Sie sind dann kein Einzelkämpfer mehr. Sie beschäftigen möglicherweise Leute, die für Sie recherchieren und die Marketing-Kanäle bespielen, Sie engagieren PR-Agenturen, Ghostwriter und andere Dienstleister. Das ist betriebswirtschaftlich auch durchaus sinnvoll, denn mit Auftritten verdienen Sie dann mehr, als Sie durch Eigenleistung sparen würden. Es gibt mehrere Keynote Speaker, die über 1 Million Euro Umsatz pro Jahr machen und ein Heer von freien und angestellten Mitarbeitern beschäftigen.

Ob Sie der Kopf einer solchen »Maschine« werden möchten, müssen Sie jetzt noch nicht entscheiden. Vielleicht halten Sie Ihr Geschäft bewusst klein, um damit mehr Freiheit und weniger Verantwortung für die Leute, die von Ihnen finanziell abhängig sind, zu haben. Das Gute am Beruf Keynote Speaker ist, dass Ihr Weg nicht eindimensional vorgezeichnet ist. Sie müssen nicht unbedingt jedes Jahr wachsen. Sie können Ihr Engagement ausweiten oder reduzieren. Sie können sich auch einfach ein paar Monate ausklinken und Ihr Leben neu ausrichten. Das ist die Freiheit, die ich am Anfang des Buches angesprochen hatte. Sie ist ein wichtiger Grund dafür, dass es so viel Spaß macht, ein Keynote Speaker zu sein.

8. Countdown – Von der Buchung bis zur Nachbereitung

Sie wissen nun, wie Sie Kunden gewinnen und Aufträge für Auftritte erhalten. Doch wie geht es dann weiter? Was passiert, wenn ein Veranstalter Sie gebucht hat? Vom Briefing-Gespräch über die Anreise, die unmittelbare Vorbereitung auf den Auftritt selbst bis zur Nachbereitung gibt es viele Dinge zu beachten. Ich möchte Ihnen Schritt für Schritt zeigen, wie ich die Sache angehe und welche Möglichkeiten Sie haben, damit Sie nach der Buchung für einen Keynote-Vortrag professionell und effizient auftreten, für Ihre Kunden einen guten Job machen und sich selbst eine gute Zeit.

Noch zwei Monate: der Briefing Call

Der nächste wichtige Kundenkontakt nach dem Vertragsabschluss findet rund acht Wochen vor der Veranstaltung statt: der sogenannte Briefing Call. Das Level ist deutlich höher als im Vorgespräch. Häufig spricht man mit dem Chef des Unternehmens und nicht »nur« mit der Assistenz. Es kommt auch vor, dass mehrere Personen daran teilnehmen, zum Beispiel Leiter der Marketing- oder der Sales-Abteilungen oder die Leitung des Organisationsteams. Das hängt von der Art der Veranstaltung und auch der Unternehmensgröße ab. Beim Briefing Call geht es darum, inhaltliche, formelle und informelle Fragen zu klären. Das Briefing knüpft an die Themen des Vorgespräches an. Es kann sowohl sein, dass sich in der Zwischenzeit einiges verändert hat, andererseits geht es auch um letzte Details.

Auf der inhaltlichen Ebene wird abgeklärt, wie ich den Vortrag am besten auf das Publikum zuschneide. Wir besprechen gemeinsam, was bei der gewünschten Dauer des Vortrages überhaupt möglich und sinnvoll ist. Manchmal führe ich den Kunden beim Briefing Call auch schon stichpunktartig durch den Vortrag. Ich nenne die Themenblöcke in ihrer Reihenfolge, erläutere die Dramaturgie und die Punkte, die besonders wichtig sind.

Beim informellen Teil geht es um den Background des Publikums. Also welche Erwartungen auf Seiten der Zuschauer existieren, wo die Firma gerade steht und was die Ziele des Chefs sind. Zusammengefasst: Ich möchte ein *Gefühl* für das Unternehmen und die Veranstaltung bekommen. Weitere Fragen, die geklärt werden, sind: Wird es im Anschluss eine Fragerunde (auch Q&A genannt wie »Question & Answer«) mit dem Moderator oder einem anderen Experten geben? Wie lange wird diese dauern? Wer ist der Moderator?

Beim formellen Teil besprechen wir noch einmal das Drumherum: Bleibt es bei dem im Vorgespräch genannten Vortragsslot und beim Veranstaltungsort? Wie ist die Agenda genau? Wann können wir den Soundcheck machen? Kurzum: Sind alle Details rund um den Auftritt, gegebenenfalls auch die Übernachtung, geklärt, oder hat sich etwas zum ursprünglichen Plan verändert? Die wichtigsten Punkte lasse ich mir noch einmal schriftlich per E-Mail bestätigen, damit es am Tag des Auftritts nicht zu Missverständnissen kommt.

Falls es einen Moderator gibt, folgt mit diesem manchmal noch ein weiteres Briefing-Gespräch. Er möchte dann wissen, was er sagen soll oder sagen darf. Einige Moderatoren möchten bereits vorab die Fragen besprechen, die sie mir bei einem Q&A stellen möchten. Ich vermeide es lieber, im Vorfeld die Fragen an mich selbst zu formulieren, auf die ich dann antworten soll. Das ist langweilig – für mich und vor allem für das Publikum. Eine Fragerunde hat das Potenzial, richtig spannend zu werden. Warum? Während der Keynote-Rede können Sie gar nicht alle Fragen berücksichtigen, die die Menschen im Publikum haben könnten. Sie müssen sich zwangsläufig fokussieren und damit auch beschränken. Wenn das Publikum Ihnen als Experte im Anschluss aber völlig frei jegliche Fragen stellen kann, bedeutet es einen großen Mehrwert. Dann können Sie zeigen, was Sie draufhaben! Werden die Fragen vorher abgesprochen, oder will der Moderator die Fragen selbst formulieren, dann nimmt er dem Publikum – und Ihnen – diese Chance. Ein Q&A bedeutet gleichzeitig auch die Chance zur Weiterentwicklung für Sie. Wenn nach jeder Rede unterschiedliche Leute aus unterschiedlichen Firmen immer dasselbe fragen, dann wissen Sie, dass Sie darauf bereits in Ihrer Keynote eine Antwort geben sollten. Die Angelegenheit muss künftig in Ihrem Vortrag zur Sprache kommen oder zu einem Themenblock ausgebaut werden.

Es ist sinnvoll, dem Veranstalter nach dem Briefing Call einen Anmoderationsvorschlag zu schicken. Es ist ein nützlicher Service für den Kunden. Schreiben Sie einmal einen kurzen Text, mit dem jeder Moderator Sie unabhängig vom Anlass einer Veranstaltung ankündigen kann, bevor Sie auf die Bühne treten. Verschicken Sie ihn in einem offenen Format wie Word, dann ist er editierbar. Die Veranstalter können den Text als Vorlage nutzen oder einfach nur einzelne Punkte herausziehen. So behalten sie ihren Gestaltungsspielraum bei der Anmoderation.

Beispiel für einen Anmoderationsvorschlag

Hinweis: Wählen Sie für Ihre Moderation die aus Ihrer Sicht passendsten Bausteine aus diesem Anmoderationsvorschlag aus.

Felix Plötz ist ein Querdenker und Anstifter – im besten Sinne! Als mehrfacher Bestsellerautor und international gefragter Keynote Speaker bringt er Kreativität, Mut und den »Einfach mal machen«-Spirit von Startups zurück in große Unternehmen. Als Experte spricht er über die Themen »Digitalisierung«, »Motivation«, »Führung«, »Innovation« und »Startup-Spirit«.

Sein Buch *Das 4-Stunden-Startup* steht seit mehr als zwei Jahren unangefochten auf den Bestsellerlisten und gehört zu den meistverkauften Wirtschaftsbüchern Deutschlands. Es ist u.a. Spiegel-Bestseller Wirtschaft, Handelsblatt-Bestseller, Amazon-Bestseller Nr.1, »Manager Magazin«-Bestseller sowie Top-10 Hörbuch des Jahres auf Audible.

2015 gründete der Wirtschaftsingenieur (TU) das Verlagsstartup Plötz & Betzholz als Deutschlands ersten Social-Influencer-Verlag. Dahinter steht ein innovatives, digitales Geschäftsmodell, das mit der Wildcard der Frankfurter Buchmesse ausgezeichnet wurde – und funktioniert: Nur zehn Monate nach Gründung wurde Plötz & Betzholz im Februar 2016 von der Ullstein Verlagsgruppe übernommen.

Felix Plötz glaubt fest daran, dass engagierte Mitarbeiter eine der wichtigsten Ressourcen eines Unternehmens sind und der »Einfach mal machen«- Spirit von Startups auch in die etablierte Wirtschaft gehört.

Heute ist er hier, bitte begrüßen Sie mit mir ...

Ein Vorschlag für die Anmoderation verhindert in den meisten Fällen, dass ein Moderator sich nicht richtig vorbereitet und den Speaker mit einem nichtssagenden Text ankündigt oder gar das Publikum irritiert. Beide Varianten kommen vor. Und keine davon ist ein guter Start in Ihren Vortrag. Manchmal wird man als Redner mit Worten wie diesen vorgestellt: »Ich habe ihn selbst gesehen und fand ihn großartig. Hier ist ...« Das ist gut gemeint, aber eine vertane Chance, weil die Menschen im Publikum an einem ganz anderen Punkt sind. Sie erhalten keinerlei Info, warum der Speaker spricht, welche Erfolge er bereits vorzuweisen hat und warum er eingeladen wurde. Dann sitzt das Publikum da und so mancher fragt sich: »Wer ist der Typ im Anzug da vorne?«

Als Speaker erlebt man auch immer wieder »spezielle« Vorstellungen, die einen sofort herausfordern, sobald man auf die Bühne tritt. An eine kann ich mich noch gut erinnern. Bei dem Moderator der Veranstaltung handelte es sich um einen Professor wie aus dem Bilderbuch: altmodischer Anzug, grauer Bart, Brille. Während ich darauf wartete, auf die Bühne zu gehen, schaute er auf seinen Zettel und moderierte mich folgendermaßen an: »Unser nächster Gast ist Felix Plötz. Ich kenne ihn nicht, und ich weiß nicht, ob Sie ihn kennen. Mal schauen, was er so draufhat. Dafür hat er jetzt eine halbe Stunde Zeit.« Toll. Eigentlich hatte ich nicht damit gerechnet, dass hier eine Art Prüfungssituation anmoderiert werden sollte, aber ich konnte mit Humor reagieren und kam mit einem Lachen auf die Bühne. Die Vorstellung durch den Professor hatte mich zusätzlich angespornt. Und ein weiterer positiver Faktor kam noch hinzu: Die Veranstalterin stand zwar mit hochrotem Kopf da, so peinlich war ihr diese Anmoderation, doch das Publikum hatte sich sofort mit mir solidarisiert. Die Rede war erfolgreich, und es sind daraus unmittelbar einige Folgeaufträge entstanden.

Die Woche vor dem Auftritt

Rückt der Auftritt näher, passe ich meine Rede an Dauer und Art des konkreten Auftritts so an, wie im Briefing Call besprochen. Wenn die Rede steht, schicke ich meine Präsentation an den Veranstalter, das ist ungefähr eine Woche vor dem Auftritt. Der Saaltechniker hat dann genügend Zeit, um zu testen, ob die Präsentation funktioniert, und es bleibt auch noch Zeit für mich, um notfalls zu reagieren, falls es, was eigentlich nie vorkommt, ein Kompatibilitätsproblem geben sollte.

In den zwei Tagen vor dem Auftritt übe ich den Vortrag noch einige Male, damit die neuen Details und die Übergänge zwischen den neu kombinierten Themenblöcken auch richtig sitzen. Manche Leute haben die Idee, am Tag des Auftrittes noch kurz vorher einmal in der Garderobe zu üben oder sich ihre eigene Tonaufnahme auf der Anreise noch einmal anzuhören. Davon bin ich kein Fan. Eine innere Unsicherheit kann ich am Tag des Auftrittes nämlich überhaupt nicht gebrauchen. Kann ich die Rede auswendig, dann besteht am Tag des Auftrittes die Aufgabe darin, sich mental vorzubereiten und seine Ressourcen zu schonen. Für einen Vortrag benötigt man mental und psychisch seine maximale Kapazität. Man sollte nicht gestresst sein, nicht gehetzt sein, keine Unsicherheit oder gar Angst haben. Vor 500 Menschen oder mehr auf der Bühne zu stehen, ist anstrengend genug. Dafür muss man seine Kräfte bündeln.

Die Anreise

Auf dem deutschsprachigen Markt ist es gängig, dass der Veranstalter die Reisekosten übernimmt. Üblich sind eine Reisekostenpauschale oder eine Kilometerpauschale zwischen 30 und 60 Cent. So kann der Veranstalter sich vorab ausrechnen, was ihn die Hin- und Rückreise kostet. Er kann sichergehen, dass ich nicht plötzlich mit einem Business-Class-Ticket für 5000 Euro ankomme. Bei einer Pauschale kann ich selbst wählen, ob ich fliege, das Auto oder den Zug und eventuell ein Taxi nehme. Auch die Übernachtungskosten und das Buchen des Hotels übernimmt, falls nötig, der Auftraggeber. Beim Briefing bespricht man, ob das nötig ist und klärt die Konditionen.

Auch bei der Anreise zu einem Event achte ich darauf, Stress zu vermeiden. Ich baue immer einen ausreichenden Zeitpuffer ein, damit ich spätestens 90 Minuten vor meinem Auftritt am Ort des Geschehens bin. Selbst wenn ich in einen Stau gerate oder der Zug sich verspätet, bin ich rechtzeitig da. Ich möchte nicht, dass der Kunde sich fragt, ob ich auch wirklich komme, ich möchte ihm Sicherheit geben. Je länger die Anreise dauert, desto mehr Zeitpuffer baue ich ein, um für alle Eventualitäten gewappnet zu sein. Läuft alles glatt und mir bleibt noch viel Zeit, checke ich, wenn nach dem Event eine Übernachtung geplant ist, schon mal im Hotel ein, oder ich gehe essen oder arbeite noch ein bisschen. Habe ich vor meinem Auftritt bereits in der Stadt übernachtet, braucht es den Zeitpuffer natürlich nicht. Aber ich treffe dann ebenfalls 90 Minuten vor dem Auftritt am Veranstaltungsort ein; wenn der Soundcheck direkt vorher laufen soll, sogar noch etwas früher.

Bühne, Technik- und Soundcheck

Genauso wie eine Band vor ihrem Auftritt einen Soundcheck absolviert, macht das auch ein Keynote Speaker. Ist der Auftritt am nächsten Vormittag geplant, findet der Soundcheck meist am vorherigen Abend statt. Spreche ich nachmittags, wird dafür die Mittags- oder Kaffeepause genutzt. Es geht ja ruckzuck und dauert zum Glück nicht so lange wie bei einer Band. Also: Headset auf, und einfach ein paar Sätze sprechen. Wie ist die Akustik? Höre ich mich selbst? Wo sind die Boxen? Ich laufe die Bühne ab und checke, ob es an irgendeiner Stelle Rückkopplungen geben könnte und ich mich an diese Stellen besser nicht hinbewegen sollte. Ich schaue, wie der Beamer positioniert ist – nicht, dass ich irgendwo im Bild stehe. Bei dieser Gelegenheit erhalte ich auch ein Gefühl für den Raum. Ist er groß? Wie werden die Leute sitzen? Werden sie mich gut sehen können?

Meine Präsentation habe ich zur Sicherheit selbst noch einmal mitgenommen, aber ich vermeide es, für die Veranstaltungstechnik verantwortlich zu sein. Wenn zwischendurch der Bildschirm schwarz wird, ist das in jedem Fall ärgerlich, aber ich möchte nicht, dass es meine Aufgabe ist, das Problem dann lösen zu müssen. Deswegen überlasse ich das lieber dem Techniker, und während er sich um den kaputten Beamer kümmert, kann ich mit dem Publikum interagieren oder meinen Vortrag einfach wie geplant fortführen.

Ein Sound- und Technik-Check ist sehr wichtig, es können nämlich die irrsten Vorfälle passieren. Es kann vorkommen, dass Sie sich selbst nicht hören. Manchmal hallt der Raum. Für den Start einer Rede wäre es verheerend, von der Akustik überrascht zu werden. Gewöhnen muss man sich auch an die Beleuchtung auf der Bühne. Wird man von Scheinwerfern angestrahlt, ist das nicht nur heiß, man sieht manchmal auch nur einen kleinen Teil des Publikums, manchmal auch gar nichts, so geblendet ist man. Auf die Gegebenheiten eines Raumes muss man sich erst einstellen, auch dabei hilft der Technik-Check. Im Prinzip müssen Sie aber immer auf das Worst-Case-Szenario eingestellt sein: Sie sind quasi blind und sprechen wie taub. Damit müssen Sie umgehen können und dürfen dem Publikum nicht zeigen, wenn Sie unter erschwerten Bedingungen performen. In solchen Momenten zeigt sich, wie wertvoll es ist, wenn Sie Ihre Rede perfekt einstudiert haben, weil Sie bereits durch die Gegebenheiten maximal konzentriert sein müssen.

Einmal hat es mich bei einem Auftritt in Zürich aber doch fast erwischt. Der Saal, in dem ich meinen Vortrag hielt, war mit das Coolste und Stylishste, was ich je gesehen habe. Das Publikum saß auf weißen Sitzwürfeln. Die Wände bestanden aus quadratischen Elementen mit umlaufenden LED-Videoflächen, auf denen vor dem Auftritt eine tolle Lightshow lief. Während meiner Rede wurde meine Präsentation auf alle Wände projiziert. Ein visuell beeindruckendes Erlebnis. In diesem Raum hätte man ein Eins-A-Musikvideo drehen können. Das Problem war der Ton. Die Raumakustik war so, dass ich während des Vortrages mein eigenes Echo gehört habe, mit einer Zeitverzögerung von einer halben Sekunde. Es hörte sich an, als ob mir ständig jemand mit voller Lautstärke dazwischenredet. Und dieser Jemand war ich selbst. Es war wahnsinnig irritierend und erforderte eine extreme Konzentration, sich davon nicht ablenken zu lassen.

Redeangst und Lampenfieber

Es gibt einen Witz des berühmten Komikers Jerry Seinfeld, der übersetzt ungefähr so geht: »Den meisten Studien zufolge ist die größte Angst der Menschen, öffentlich zu reden. Der Tod steht an zweiter

Stelle. Hört sich das richtig an? Das bedeutet für eine durchschnittliche Person, wenn du zu einer Beerdigung gehst, bist du besser dran, wenn du im Sarg liegst, als wenn du die Grabrede hältst.«[33]

Vielleicht ist das übertrieben, aber ein Funken Wahrheit steckt in Seinfelds Joke auf jeden Fall. Viele Menschen haben Redeangst, dieses Phänomen gibt es auch bei Keynote Speakern, zumindest am Anfang ihrer Karriere. Und Sie kennen das Gefühl vielleicht auch schon: Die Handflächen werden feucht, der Mund trocken, das Herz rast, der Magen rumort, die Toilette ruft zum wiederholten Mal ... Die Angst vor dem öffentlichen Auftritt ist nicht ganz unbegründet, schließlich wird man als Redner auf einer Bühne von mehreren Hundert oder Tausend Augenpaaren gemustert. Die Menschen im Publikum bekommen mit, wenn ein Redner sich verhaspelt oder den Faden verliert. Sie bemerken jede Schweißperle auf seiner Stirn.

Die Symptome, die bei Redeangst auftreten, sind so ähnlich wie beim Fluchtreflex von Urzeitmenschen im Angesicht einer Gefahr. Aber natürlich warten draußen im Vortragssaal keine 300 Säbelzahntiger darauf, Sie zu fressen. Es gibt keine ernsthafte Gefahr. Die körperlichen Symptome lösen wir selbst aus: Es ist reines Kopfkino.

Und weil es Kopfkino ist, lässt sich Redeangst auch überwinden. Der erste Schritt besteht darin, die Angst zu konkretisieren. Redeangst ist ein diffuses Gefühl, ganz allgemein hat man Angst davor, nicht liefern zu können. Aber was bedeutet das konkret? Wenn man Redeangst herunterbricht, dann ist sie so etwas wie die Summe der Ängste vor bestimmten Situationen. Angst vor einem Blackout. Angst davor, Fragen gestellt zu bekommen und nicht antworten zu können. Angst vor Zwischenrufen, auf die man nicht reagieren kann. Angst davor, ausgelacht zu werden.

Keine dieser Situationen ist besonders toll. Aber keine davon ist so dramatisch, wie unser Kopfkino uns weismachen will. Wenn man sich die Frage stellt, was im schlimmsten Fall passieren würde, wenn eine der Situationen eintritt, dann verliert die Angst schon ein wenig von ihrer Macht. Und wenn man sich für jede Situation überlegt, wie man ihr begegnen kann, dann zeigt sich, dass die Angst häufig unbegründet ist. Es ist sinnvoll, sich für jede der konkreten Ängste eine Abwehrstrategie zurechtzulegen.

Beispiel »Blackout« oder abgeschwächt »den Faden verlieren«: Manche Redner haben die Themenblöcke auf einem Blatt Papier oder auf Karteikarten notiert, die sie in der Jackett- oder Hosentasche haben. Die meisten haben sie noch nie gebraucht, aber sie geben ihnen Sicherheit. Andere Redner arbeiten mit zwei unterschiedlichen Präsentationen. Eine ist für das Publikum sichtbar und eine nur für den Redner selbst, sie läuft im bereits angesprochenen »Moderatorenmodus«. Der Speaker sieht sie auf einem Monitor oder einem Laptop vor sich am Rande der Bühne. In der Präsentation hat er die Stichpunkte notiert wie die anderen auf den Karteikarten. Es sind Gedankenstützen, auf die man niemals angewiesen sein sollte. Der Vortrag muss sitzen. Aber die Gedankenstützen können einem die Angst nehmen, doch mal etwas zu vergessen. Ich habe das Glück, nicht damit arbeiten zu müssen, aber wenn Sie sich sicherer fühlen, dann können Sie solche Hilfsmittel nutzen. Das Publikum wird davon nichts mitbekommen.

Wenn es Zwischenfragen aus dem Publikum gibt, auf die man in dem Moment keine gute Antwort weiß, gibt es eine ganz einfache Strategie. Man kann die Frage hinten anstellen und sagen, dass man sie gerne im Anschluss an den Vortrag beantwortet. Das schafft Zeit, um sich eine überzeugende Antwort zu überlegen, wenn die Frage dann überhaupt noch aktuell ist. Wenn dafür aus irgendwelchen Gründen keine Zeit ist, können Sie dem Fragesteller Ihre Visitenkarte geben und ihm anbieten, die Frage noch einmal per E-Mail zu schicken.

Was steckt hinter der Angst, ausgelacht zu werden? Die Angst, vom Publikum negativ bewertet zu werden. Die Psychotherapeutin Irmtraud Tarr, die als Konzertorganistin selbst auf der Bühne auftritt, hat folgenden Tipp: Es sei besser sich vorzustellen, dass die Zuschauer keine

Feinde sind, sondern eine Gruppe, zu der man selbst gehört und mit der man sich austauscht. Tarr: »Manche schaffen das, indem sie sich vorstellen, nicht nur die Bühne wäre beleuchtet, sondern auch der Zuschauerraum.«[34] Wenn alle auf Augenhöhe agieren, gibt es auch keinen Grund für Feindseligkeiten.

An meine ersten zwei, drei Vorträge vor großem Publikum mit mehreren Hundert Leuten erinnere ich mich nicht besonders gerne zurück. Diese Auftritte konnte ich noch nicht genießen und kam auch nicht in einen Flow. Vielleicht hatte ich damals nicht ausreichend geübt, obwohl – ich hatte sehr, sehr viel geübt. Es war etwas anderes. Ich war so sehr mit mir selbst beschäftigt wie ein Fahranfänger im Auto. Der ist so sehr darauf konzentriert, die Kupplung zu treten und zu lenken, dass er die Landschaft um ihn herum gar nicht genießen kann. Er nimmt sie einfach nicht wahr. Genauso ging es mir bei den ersten Vorträgen: Ich achtete auf den Punkt, auf dem ich stehen musste, um vom Spot angestrahlt zu werden. Ich schaute unentwegt auf die Uhr, die Sekunde um Sekunde gnadenlos runtertickte. Ich nahm Geräusche im Publikum wahr. Und vor allem achtete ich darauf, möglichst perfekt meine Rede zu halten und bloß keinen Fehler zu machen. Einen dieser Auftritte habe ich später auf einer Filmaufnahme gesehen. Im Nachhinein muss ich gestehen: Ich sah aus wie ein Roboter. Festgetackert an einem Punkt auf der Bühne, mit ziemlich reduzierter Mimik, weil ich dermaßen konzentriert auf mich selbst war.

Als da jemand aus dem Publikum nur einmal schief geguckt hat, dachte ich: »Oh Gott, was denkt der nur? Die Leute warten doch alle nur darauf, dass ich mich vergaloppiere.« Ich kann Ihnen versichern: Das Publikum wartet nicht darauf, dass Sie Fehler machen. Es hat kein Interesse daran, Sie versagen zu sehen. Im Gegenteil. Das Publikum will zunächst einmal wissen, was Sie zu sagen haben.

Es gibt wirklich unzählige Strategien gegen Redeangst. Ich habe einmal von jemandem den Rat gehört, man solle sich ein paar sympathische Gesichter im Publikum raussuchen und während der Rede nur mit diesen den Blickkontakt suchen. Für die ersten paar Minuten mag das helfen, an Sicherheit zu gewinnen. Aber nicht für den ganzen Vortrag, denn es geht dabei etwas verloren: Der Rest des Publikums fühlt sich ausgeschlossen. Und das kann die Stimmung im Raum herunterziehen.

Die Keynote Speakerin Isabel García empfiehlt, dass man sich vor dem Auftritt selbst »belügt«. Man solle sich vorstellen, dass der Auftrittsort, die Halle oder das Gebäude, selbst die Straße und die ganze Stadt einem selbst gehören. Dies bewirke, dass man sich auf dem eigenen Territorium wie zuhause fühlt, quasi ein Heimspiel hat. Dadurch werde einem die Angst genommen, vor einem fremden Publikum zu sprechen, was einen souveräner und sympathischer wirken lässt.[35] Andere Speaker nutzen andere Formen der Autosuggestion. Der Psychologe und Redner Rolf Schmiel wiederholt vor jedem Auftritt mantraartig die Sätze: »Ich liebe mein Publikum. Mein Publikum liebt mich.«[36] Anfangs fand er es selbst komisch, aber es hilft ihm. Ob Ihnen eine solche Art der Vorbereitung etwas bringt, müssen Sie einfach ausprobieren. Ich selbst habe mit solchen Tricks gute Erfahrungen gemacht.

Und noch etwas: Es gibt Veranstaltungen, da ist der Keynote Speaker dafür da, das Publikum gezielt mit einer neuen und unbequemen Sichtweise zu konfrontieren. Er soll provozieren, damit es aus der Komfortzone kommt. Es ist also nicht immer schlecht, wenn die Menschen im Publikum einmal die Stirn in Falten legen oder den Kopf schütteln.

Wenn Sie es einmal geschafft haben, eine konkrete Angstsituation live auf der Bühne abzuwehren, dann können Sie das für die Zukunft mitnehmen. Wenn Sie Ihren Vortrag gebaut haben, und es kommt eine Stelle, wo jemand Sie mit einem Zwischenruf gestört hat, dann rufen Sie sich beim Einüben ins Gedächtnis zurück, wie Sie reagiert haben. Und wenn Sie vor einem größeren, wichtigeren, fremderen Publikum reden als bei allen Auftritten zuvor, dann führen Sie sich vor Augen, wie es war, als Sie diesen Vortrag so gut gehalten haben wie noch nie zuvor und wie Sie dabei agiert haben.

Redeangst kann man überwinden, das Lampenfieber bleibt. Mark Twain hat einmal gesagt: »Es gibt zwei Arten von Rednern: Solche, die zugeben nervös zu werden und solche, die Lügner sind.«[37] Er hat recht. Und das ist auch gut so, denn ohne eine gewisse innere Anspannung wirkt ein Vortrag schnell blutleer. Es darf nicht der Eindruck entstehen, als sei der Redner von seinem Thema selbst nicht mehr mitgerissen oder gar gelangweilt. Ein guter Vortrag braucht eine Portion Adrenalin.

Die Stunde vor dem Auftritt: runterfahren und pushen

Bei einem Auftritt muss man die richtige Balance zwischen Anspannung und Entspannung finden. Man kann diesen Zustand unmittelbar vor dem Auftritt auch gezielt herstellen. Die meisten Speaker haben dafür ein ritualisiertes Programm, das sie durchlaufen. Ich auch, und meines startet eine Stunde vor dem Auftritt.

Ich brauche dafür einen Raum, in dem ich mich abschotten und vorbereiten kann. Große Veranstaltungssäle haben meist eine Künstlergarderobe, Tagungshotels haben Zimmer dafür eingerichtet, und manchmal ist es auch nur ein leerer, nicht genutzter Meeting-Raum. Wenn ich in der Garderobe ankomme, meditiere ich 20 Minuten lang, um mich zu entspannen. Manchmal mache ich eine geführte Meditation mit Kopfhörern, manchmal meditiere ich für mich selbst und konzentriere mich auf meinen Atem. Es ist auch schon vorgekommen, dass ich einen Power-Nap gemacht habe. Jedenfalls stelle ich mir vor dem Entspannungsritual immer einen Wecker. Das Ziel ist es, meinen Kopf freizubekommen, ihn »leer« zu machen. Denn wer vor einem großen Publikum spricht, muss total fokussiert und konzentriert sein. Das geht nur mit einem klaren Kopf. Und natürlich geht es darum, maximal entspannt zu sein und so viele Ressourcen wie möglich zu sammeln, damit auf der Bühne die Post abgehen kann.

Entspannungstechniken

Neben Meditation gibt es zahlreiche andere Techniken, um sich zu entspannen. Jede ist gut, wenn sie Ihnen hilft. Einige Beispiele sind folgende:

- Autogenes Training (eine auf Selbstbeeinflussung beruhendes Entspannungstechnik)
- Atemübungen
- Progressive Muskelentspannung (Übungen, die auf einer wechselweisen Anspannung und Entspannung der Muskulatur basieren)
- Mentaltechniken (Sie denken an bestimmte Situationen des Wohlbefindens und rufen sich so Bilder, Erinnerungen oder Gerüche ins Gedächtnis oder einfach ein allgemeines Gefühl des Wohlbefindens und der Entspanntheit)
- Entspannung durch Musik

Nach diesen 20 Minuten habe ich mich runtergefahren. Ich bin tiefenentspannt und gehe dann mein weiteres Programm durch. Das beginnt mit Aufwärmübungen: Zu Beginn mache ich einige Atemübungen, dann lockere ich meine Gesichtsmuskulatur und meinen Kehlkopf. Dann summe ich Vokalschleifen, so wie es Sänger tun, bevor sie auf die Bühne gehen. Und danach kommen noch weitere Sprechübungen, um meine Stimmbänder warm zu machen. All das habe ich in einem Stimmtraining gelernt, das ganze Prozedere dauert etwa zehn Minuten.

Nachdem ich mich im wahrsten Sinne des Wortes locker gemacht habe und die Stimme warm geworden ist, mache ich Übungen, die dabei helfen, dass ich eine Präsenz im Raum bekomme. Es kann sein, dass ich mich mit weit ausgebreiteten Armen ans Fenster stelle, meinen Rücken strecke, mich »groß mache« und dabei die ersten drei Sätze meines Vortrages laut spreche. Das ist wichtig, sonst hat man leicht das Gefühl, auf der Bühne sehr klein zu sein, gerade wenn man Anfänger ist. Oder man hat die Tendenz, komplett zu überdrehen und wie ein Clown herumzuhüpfen, um dieses Gefühl zu kaschieren. Solche Übungen helfen, um sich selbst noch einmal die Vorstellung der nötigen Größe zu geben.

Dann kommt die Push-Phase. Sie funktioniert im Prinzip so ähnlich wie bei Sportlern. Haben Sie schon einmal die 100-Meter-Läufer bei einem Leichtathletikwettkampf vor dem Start beobachtet? Viele feuern sich an, hauen sich auf die Oberschenkel, laufen wie ein Tiger im Käfig herum und warten darauf, endlich freigelassen zu werden. Bei mir ist es eigentlich ganz genauso!

Ein kurioses Beispiel aus der Speaker-Szene ist Tony Robbins, die Ikone der Motivationstrainer. Wissen Sie, was der vor einem Auftritt macht? Er hat tatsächlich ein kleines Trampolin in seiner Garderobe stehen und hüpft vor dem Auftritt darauf herum. Sie können das sehen, wenn Sie sich die übrigens insgesamt sehr sehenswerte Netflix-Doku *Tony Robbins – I Am Not Your Guru* anschauen.

Ich habe kein Trampolin, aber ich groove mich natürlich auch ein. Ich laufe durch den Raum, springe auch mal herum, klatsche in die Hände und aktiviere mich körperlich. Ich feuere mich selbst an. Dadurch baue ich Adrenalin und Dopamin auf, damit ich in den Status komme, gleich auf die Bühne zu gehen. Ich glaube, das sieht manchmal echt albern aus. Was nicht schlecht ist. Denn ich muss während dieser Vorbereitung mindestens ein Mal herzlich über mich selbst gelacht haben, um danach wirklich locker zu sein.

Dann setze ich mein Headset auf, nehme mit ein Glas Wasser und GO!

Nach der Rede

Ihre Rede ist beendet, der Applaus verstummt. Manchmal gibt es dann noch die bereits erwähnte Fragerunde. Der Moderator stellt selbst

Fragen, nimmt Fragen aus dem Publikum entgegen, oder es gibt noch ein kurzes Experten-Panel auf der Bühne. Wenn es sich zeitlich einrichten lässt, stehe ich nach meinem Vortrag dem Publikum auch ohne offizielles Q&A für Fragen zur Verfügung. Im intimeren Rahmen sind manchmal sogar bessere Gespräche möglich, weil sich die Zuschauer mehr trauen. Häufig findet diese informelle Runde am Bücherstand statt, wo meine Bücher verkauft werden und ich sie auf Wunsch auch signiere.

Auftritte sind eine wunderbare Möglichkeit, um Bücher zu verkaufen. Die Rechnung sieht so aus: Angenommen, Ihr Buch kostet 20 Euro und Sie bekommen vom Verlag 40 Prozent Rabatt, wenn Sie Ihr eigenes Buch kaufen. Dann bleiben netto rund 7,47 Euro bei Ihnen hängen, wenn Sie Ihre Bücher bei einer Veranstaltung selbst weiterverkaufen. Im besten Fall können Sie mit Buchverkäufen ein paar 100 Euro pro Auftritt verdienen. Aber Sie werden es auch erleben, dass Sie manchmal fast keine Bücher verkaufen. In anderen Fällen verkaufen Sie Ihre Bücher nicht selbst, sondern ein Buchhändler ist vor Ort. Dann verdienen Sie nur indirekt über Ihr Autorenhonorar. Lohnen tut sich dieser minimale Aufwand aber in jedem Fall. Denn ein Büchertisch hat einen Werbeeffekt, und auf der Veranstaltung sitzt genau Ihre Zielgruppe.

Wie der Buchverkauf organisiert wird, besprechen Sie beim Briefing Call. Es gibt verschiedene Möglichkeiten: Sie verschicken die Bücher vorher an den Veranstalter oder bringen sie direkt mit, falls Sie mit dem Wagen kommen. Manchmal stellt der Veranstalter eine Person als Verkaufsunterstützung, oder er vermittelt Ihnen zum Beispiel eine studentische Hilfskraft, die Ihre Bücher nach Ihrem Vortrag verkauft. Auch das können am Anfang der Karriere »Gegenleistungen« für einen Rabatt auf Ihr Auftrittshonorar sein. Die Kosten für den Transport der Bücher und die Verkaufsunterstützung sind aber überschaubar.

Meiner Erfahrung nach können Sie auf öffentlichen Veranstaltungen wie den GEDANKENtanken-Rednernächten mehr Bücher verkaufen als auf Firmen-Events. Aber es gibt einen noch besseren Fall: Der Veranstalter kauft bei Ihnen Bücher als Präsent für seine Mitarbeiter oder das Publikum. Das bedeutet für Sie kaum Aufwand. Sie können das beim Briefing Call anbieten, sollten dabei aber nicht zu offensiv vorgehen. Es geht in erster Linie um Ihren Auftritt, nicht um Ihre Bücher. Ob Ihr aktuelles Buch überhaupt für eine solche Direktabnahme geeignet ist, hängt auch vom Thema ab. Zum Beispiel kommt mein Bestseller *Das 4-Stunden-Startup* dafür fast gar nicht infrage. Es geht darum, wie man sich nebenbei selbstständig macht. Für die meisten Veranstalter passt das nicht. In meinem Buch *Das Ende der dummen Arbeit* geht es allerdings darum, Startup-Spirit in etablierte Unternehmen zu bringen und um unternehmensinterne Innovation. Das kaufen Veranstalter hingegen sehr gerne ein.

Neben Büchern können Sie in Absprache mit dem Veranstalter auch andere Produkte verkaufen, zum Beispiel Hörbücher. Manche Profiredner lassen auch aufwändige DVD-Pakete von ihren Auftritten produzieren, um sie teuer zu verkaufen. Andere stellen hochwertige Broschüren oder gebundene Bücher in Eigenregie her, um weitere Produkte anbieten zu können. Es gibt sogar Speaker, die Basecaps oder Plüschfiguren als Merchandising-Artikel verkaufen. Und sie haben damit Erfolg. Der Verkauf von solchen Produkten gehört zu ihrem Geschäftsmodell. Um es zu befeuern, haben manche auf der Bühne einen Stapel ihrer Bücher und verschenken während des Vortrages einige davon. Das hat einen gewissen Werbeeffekt und kann den Buchverkauf natürlich ankurbeln. Aber das Ganze ist natürlich Geschmackssache, ich persönlich mag es nicht, zu werblich aufzutreten. Dass Menschen aus dem Publikum Bücher kaufen, sollte vielmehr die Konsequenz aus einem tollen, wertvollen Vortrag sein, als durch aggressive Werbung darin.

Warum Sie von jedem Ihrer Auftritte lernen können

Jeder Auftritt, den Sie absolvieren, ist ein Realitätscheck in Echtzeit. Und aus jedem Auftritt können Sie wertvolle Informationen ziehen, um Ihre Performance kontinuierlich zu verbessern. Einmal natürlich durch die Q&As sowie das Feedback, das Sie vom Publikum und auch von den Veranstaltern selbst bekommen.

Ein anderer Weg des Lernens ist, wenn Sie Ihren jeweils letzten Auftritt reflektieren und sich fragen, was Sie beim nächsten Mal besser machen können. Sie werden bereits auf der Bühne mitbekommen haben, ob die Rede wie geplant läuft. Ob Sie wirklich geliefert haben, wissen Sie aber erst hinterher, wenn Sie ein bisschen Abstand haben (aber nicht zu viel) und Ihren Auftritt in Ruhe analysieren können. Der berühmte Autor und Redner Dale Carnegie, der bereits im Jahr 1905 das Buch *The Art of Public Speaking* veröffentlichte, hat einmal gesagt: »Es gibt immer drei Reden: Die, die Sie geübt haben, die, die Sie vorgetragen haben und die, von der Sie sich gewünscht hätten, Sie gehalten zu haben.«[38] Das Ziel ist es, mit jedem Auftritt der letztgenannten Version immer näherzukommen.

Man könnte denken, wenn der Auftritt vorbei ist und alle halbwegs zufrieden waren, dann ist das schon okay. Warum sollten Sie sich dann noch weiter mit dem Auftritt beschäftigen? Der Job ist getan, das Honorar eingefahren. Punkt. Das stimmt, aber wollen Sie ein Speaker sein, der irgendwie okay ist? Oder wollen Sie ein Redner sein, der richtig gut ist und auch immer besser wird?

Selbst wenn jemand auf seinem Gebiet die Nummer Eins ist, sollte dies nicht zu Stagnation führen. Mit dieser Haltung hat mich einmal ein Meister der japanischen Kampfkunst Kendo beeindruckt, mit dem ich nach einem Auftritt ins Gespräch gekommen bin. Für ihn wurde auch das Training mit blutigen Anfängern nie zur Routine. Er sagte, dass er diese Trainingseinheiten auch dazu nutze, um seine eigene Kunst vollkommener zu machen. Er werde aber oft gefragt, wie er sich denn im Vergleich mit einem Anfänger noch verbessern wolle. Der Kendo-Meister meinte, das habe etwas mit Demut zu tun und antwortete: »Ich kenne diesen Menschen noch nicht. Auch wenn er Anfänger ist, kann ich im Umgang mit ihm noch etwas dazulernen. So wie von jedem anderen Menschen auch. Selbst ein Meister ist nie vollkommen. Wer glaubt, dass er sich nicht mehr verbessern kann, wird immer schlechter werden.«

Wenn Sie sich nach jedem Auftritt die Zeit nehmen und sich nur ein paar Fragen stellen, dann werden Sie Ihre Rede und Ihre Auftritte stetig verbessern. Das ist gar nicht so schwer und dauert auch nicht furchtbar lange, vielleicht 15 Minuten. Sie können dafür zum Beispiel die Zeit im Hotel nutzen, wenn Sie nach dem Auftritt in der Stadt übernachten, die Rückfahrt im Zug oder die Wartezeit am Flughafen. Wenn Sie es ein paar Mal gemacht haben, wird es zum Teil Ihrer Auftrittsroutine.

Das können zum Beispiel folgende Fragen sein:

❒ Hatten Sie während des Auftrittes ein gutes Gefühl? Sind Sie in einen Flow gekommen? Oder waren Sie eher gestresst?

❒ Haben Ihr Rederhythmus und das Timing gestimmt?

❒ Wie hat das Publikum reagiert? Waren die Zuschauer aufmerksam, haben sie mitgemacht?

❒ Welche Storys und welche Themenblöcke haben gut funktioniert? Welche weniger?

❒ An welcher Stelle haben die Zuschauer gelacht? Wo waren sie eher gelangweilt?

❒ Haben Sie Fragen im Anschluss oder beim Q&A souverän beantworten können?

- ❐ Waren Sie nach der Rede eher motiviert, erleichtert oder enttäuscht?
- ❐ Wie hat der Veranstalter auf den Auftritt reagiert?
- ❐ Kamen Menschen nach dem Auftritt auf Sie zu? Wie war deren Feedback?

Man lernt durch seinen eigenen Vortrag, dass manche Dinge, die man sich zwar prima ausgedacht hat, auf der Bühne nicht funktionieren. Manche Beispiele oder Anekdoten, eine Beschreibung oder die Art, wie man es sagt, kommen beim Publikum einfach nicht an. Oder sie funktionieren nur im kleinen Kreis und sind schlichtweg nicht für die große Bühne gemacht. Solche Learnings erhalten Sie nur durch die Praxis.

Nun, Sie sind wahrscheinlich kein Kendo-Kämpfer. Aber die gleiche Haltung wie im Beispiel oben vertrat auch der Veteran unter den amerikanischen Keynote Speakern, Jim Rohn. In den 1980er-Jahren war er ein Superstar unter den Vortragsrednern in den USA. Noch im Alter von 70 Jahren sagte er sinngemäß: »Mein Ziel ist es, mich jeden Tag zu verbessern. Das Schlimmste für mich wäre, wenn jemand nach einem meiner Auftritte sagt: ›Wow, der Vortrag von Jim war beeindruckend.‹ Und ein anderer entgegnet dann: ›Ja, er war heute gut. Aber du hättest ihn mal vor fünf Jahren erleben sollen. Da war er noch so richtig klasse.‹ «[39]

Wir hatten an früherer Stelle festgehalten: Kein erfolgreicher Speaker hat am Anfang seiner Karriere einfach eine Bühne geentert, eine Stunde lang drauflos geredet und wurde dann mit donnerndem Applaus und lautem Jubel verabschiedet. Und ich möchte hinzufügen: Kein echter Top-Speaker sieht sich jemals als vollkommen an. Er behält den Anspruch, mit jedem Vortrag noch ein kleines bisschen besser zu werden – ein Leben lang.

9. Schlusswort

Ich hoffe, dass Ihnen dieses Buch Spaß gemacht hat und Sie etwas für sich mitnehmen konnten: zum Beispiel ein klares Bild davon, was einen Keynote Speaker ausmacht, und womit er sich beschäftigt, wenn er nicht auf der Bühne steht. Oder dass Sie nun eine Idee davon haben, wie Sie einen überzeugenden Vortrag entwickeln, ihn einstudieren und ein guter Performer werden können. Und zu guter Letzt natürlich, dass Sie das Geschäftsmodell des Berufes Keynote Speaker verstanden haben und wissen, wie Sie einen effektiven Marketing-Funnel aufbauen, um möglichst viele Kunden zu finden und sie für sich zu gewinnen.

Ich hoffe, dass dieser tolle Beruf, den bislang kaum jemand kennt, auch Ihr *Traumberuf* wird und Sie damit erfolgreich und glücklich werden. Und dass Sie, wenn Sie wirklich einmal jemand fragt, ob Sie davon leben können, auf Bühnen zu stehen und zu reden, mit einem Grinsen im Gesicht laut »Ja!« sagen können.

Klar ist: Ein Buch kann Sie nicht über Nacht zum erfolgreichen Speaker machen, genauso wenig, wie dies ein Online-Kurs oder ein Seminar kann. Wenn ich Ihnen allerdings den Anstoß geben konnte, es als Keynote Speaker zu versuchen, dann habe ich mein Ziel mit diesem Buch erreicht. Der Rest wird sich fügen. Sie werden eigene Erfahrungen machen, Ihr Wissen über den Markt erweitern, interessanten Menschen begegnen und es hoffentlich schaffen, mit jedem Vortrag ein bisschen besser zu werden. Wenn Ihnen dieses Buch gefallen hat, würde ich mich sehr über eine kurze Bewertung im Internet freuen. Jede einzelne Rezension bedeutet einem Autor viel, das werden Sie hoffentlich auch demnächst erleben, wenn Sie Ihr erstes Buch veröffentlichen. Auch wenn bei Ihnen noch Fragen offen geblieben sein sollten, oder Sie sich vernetzen wollen, schreiben Sie mich gerne an.

Ich freue mich darauf, Sie bei einer Veranstaltung zu treffen und vor allem: Sie auf der Bühne kennenlernen zu dürfen und mich von Ihnen inspirieren zu lassen.

Ihr Felix Plötz

Anhang: Redneragenturen

Hier finden Sie ein Verzeichnis der wichtigsten Redneragenturen in alphabetischer Reihenfolge.

❒ 5 Sterne Redner (https://www.5-sterne-redner.de)

❒ Agentur für Helden (https://agentur-fuer-helden.de)

❒ Athenas (https://www.athenas.de)

❒ Celebrity Speakers (https://celebrity-speakers.de)

❒ Context Referenten (https://www.context-referenten.de)

❒ Econ Referenten-Agentur (https://www.econ-referenten.de)

❒ Energy Redneragentur (https://prominente-redner.de)

❒ EQ Redneragentur (https://www.eq-events.de)

❒ Experts4Events (https://experts4events.com)

❒ GEDANKENtanken (https://www.gedankentanken.com)

❒ Go Inhouse (https://www.go-inhouse.de)

❒ Golden Gap Agentur (https://www.goldengap.de)

❒ Handelsblatt Redner Agentur (redner.handelsblatt.com)

❒ Keynotespeakers.eu (https://keynotespeakers.eu)

❒ London Speaker Bureau (https://www.londonspeakerbureau.de)

❒ Management Lautenbacher (https://www.management-lautenbacher.de)

❒ Matthias Erhard Rednerdienst & Persönlichkeitsmanagement (www.rednerdienst.info)

❒ Orators (www.orators.de)

- ❒ Podium Redner & Konzepte (https://www.podium-redner.de)
- ❒ Premium Speakers (https://premium-speakers.com)
- ❒ Ramsauer Redner-Management (https://www.redner.de)
- ❒ Redneragentur24 (www.redneragentur24.de)
- ❒ Redneragentur Anita Abele (https://www.vortrags-redner.de)
- ❒ Referenten Agentur Schenck (www.referenten-agentur-schenck.de)
- ❒ Referenten : Guillot (https://www.referenten.de)
- ❒ Redner & Perspektiven (https://www.redneragentur.de)
- ❒ Referenten & Themen (https://www.gastreferenten.de)
- ❒ Referentenagentur Bertelsmann (www.referentenagentur-bertelsmann.de)
- ❒ Speakers Academy (https://www.speakersacademy.com)
- ❒ Speaker Agency (https://thespeakeragency.com)
- ❒ Speakers Excellence (www.speakers-excellence.de)
- ❒ Speakers Point (www.speakerspoint.de)
- ❒ Sport-Speaker (http://sport-speaker.de)
- ❒ Women Speaker Foundation (www.women-speaker-foundation.de)

Über den Autor

Felix Plötz ist Autor, Unternehmer und international gefragter Redner. Sein Verlags-Startup Plötz & Betzholz wurde von der Frankfurter Buchmesse für sein innovatives Geschäftsmodell ausgezeichnet und zehn Monate nach der Gründung von einer großen Verlagsgruppe übernommen. Sein Buch *Das 4-Stunden-Startup* stand mehr als zweieinhalb Jahre auf den Bestsellerlisten. Weitere Veröffentlichungen: *Palmen in Castrop Rauxel* (2014) und *Das Ende der dummen Arbeit* (2018). Felix Plötz lebt als Autor, Unternehmer und Keynote Speaker im Ruhrgebiet.

www.felixploetz.com

Anmerkungen

1 Seit 2001 erhält der US-Präsident ein Gehalt in Höhe von 400 000 US-Dollar pro Jahr (https://de.wikipedia.org/wiki/Präsident_der_Vereinigten_Staaten); http://www.spiegel.de/wirtschaft/michelle-obamas-autobiografie-so-verdienen-die-obamas-millionen-a-1238327.html

2 https://speaking.com/speakers/joseph-stiglitz/

3 https://speaking.com/speakers/richard-branson/

4 https://speakerbookingagency.com/talent/gary-vaynerchuk/

5 https://www.allamericanspeakers.com/speakers/386865/Tony-Robbins

6 https://www.axios.com/exclusive-rent-a-former-president-1513301939-52a0573f-59c3-4d4b-8a53-00674e540b0e.html

7 https://omr.com/de/pressekontakt/

8 https://www.irishtimes.com/business/technology/web-summit-2018-70-000-attendees-to-descend-on-lisbon-1.3681776

9 http://schefernet.de/

10 https://www.einfach-eilers.com/keynote-speaker-digitalisierung/

11 https://www.jan-heitmann.de/jan-heitmann/

12 https://ngin-food.com/artikel/mymuesli-umsatz-2015-2016/; https://de.wikipedia.org/wiki/Mymuesli

13 https://www.mahsa-amoudadashi.de/masha-amoudadashi/im-profil.html

14 https://www.sprenger.com/person.html

15 Das Big-Five-Persönlichkeitsmodell wurde in den 1930er-Jahren von Louis Thurstone, Gordon Allport und Henry Sebastian Odbert entwickelt und später von Paul T. Costa und Robert R. McCrae weiterentwickelt.

16 https://celebrity-speakers.de/redner/jan-heitmann/

17 Klarheit: Wissen, was zählt und darüber reden

18 https://ze.tt/welche-vier-tricks-dieser-frau-halfen-weltmeisterin-im-reden-halten-zu-werden/

19 https://www.aphorismen.de/zitat/3381

20 https://ze.tt/mit-diesen-tricks-hoeren-dir-andere-besser-zu/

21 https://www.zeit.de/zeit-wissen/2018/05/rhetorik-ausstrahlung-redekunst-tipps/komplettansicht und Originalquelle: Niebuhr, Oliver & Voße, Jana & Brem, Alexander. (2016). What makes a charismatic speaker? A computer-based acoustic-prosodic analysis of Steve Jobs tone of voice. Computers in Human Behavior. 64. 366-382. 10.1016/j.chb.2016.06.059. Online: https://

www.researchgate.net/publication/305398159_What_makes_a_charismatic_speaker_A_computer-based_acoustic-prosodic_analysis_of_Steve_Jobs_tone_of_voice sowie https://www.researchgate.net/publication/303810249_Charisma_in_business_speeches_--_A_contrastive_acoustic-prosodic_analysis_of_Steve_Jobs_and_Mark_Zuckerberg

22 https://products.office.com/de-DE/compare-all-microsoft-office-products-b?tab=1&OCID=AID737190_SEM_Y2E3Ub8p&MarinID=sY2E3Ub8p|250542774168|microsoft%20office|e|c||49706034137|aud-312771921029:kwd-11647891&lnkd=Google_O365SMB_NI&gclid=EAIaIQobChMIupj6o-mV4AIVSrTtCh2BXw_UEAAYASAAEgJHGvD_BwE

23 https://prezi.com/pricing/

24 Chris Anderson: TED-Talks. Die Kunst der öffentlichen Rede. S. Fischer, Frankfurt 2017

25 https://www.felixploetz.com/

26 https://www.felixploetz.com/

27 Details zum Amazon-Partnerprogramm finden Sie hier: https://partnernet.amazon.de

28 S.a.: https://karrierebibel.de/farbpsychologie/

29 Stand: Dezember 2018. https://de.statista.com/statistik/daten/studie/301012/umfrage/marktanteile-der-suchmaschinen-und-marktanteile-mobile-suche/

30 https://www.ted.com/talks/simon_sinek_how_great_leaders_inspire_action

31 https://www.ted.com/talks/lera_boroditsky_how_language_shapes_the_way_we_think

32 https://www.zeit.de/karriere/beruf/2010-11/redner-agenturen

33 Im Original: »*According to most studies, people's number one fear is public speaking. Number two is death. Death is number two. Does that sound right? This means to the average person, if you go to a funeral, you're better off in the casket than doing the eulogy.*« *(Quelle: https://www.forbes.com/sites/jerryweissman/2014/06/17/another-humorous-view-on-the-fear-of-public-speaking/)*

34 Zitiert nach: . https://www.zeit.de/zeit-wissen/2010/s2/psychologie-lampenfieber-nervositaet

35 https://www.zeit.de/zeit-wissen/2018/05/rhetorik-ausstrahlung-redekunst-tipps/komplettansicht

36 https://www.speakers-excellence.de/se/blog/dipl-psych-rolf-schmiel-haltung-schafft-wirkung/

37 Im Original: »*There are two types of speakers: Those who get nervous and those who are liars.*« (Quelle: https://www.forbes.com/sites/jerryweissman/2014/06/17/another-humorous-view-on-the-fear-of-public-speaking/)

38 Im Original: »*There are always three speeches, for every one you actually gave. The one you practiced, the one you gave, and the one you wish you gave.*« (Quelle: https://www.brainyquote.com/quotes/dale_carnegie_393560)

Register

1&1 124f.
4-Stunden-Startup 11, 13, 19, 32, 38, 52, 101, 166, 210
99designs 121

A

A/B-Testing 132
Abwicklung 28, 153
Alfahosting 125
Alleinstellungsmerkmal 52, 54, 169
Amazon 109, 117f., 170, 175, 197
Amoudadashi, Mahsa 51
Anderson, Chris 104
Anmoderation 196ff.
Arbeitsphilosophen – Die Zukunft der Arbeit 44, 149
Autorenhonorar 170f., 209
Autosuggestion 205

B

Beyoncé 70, 93
Becker, Boris 27
Bestseller 158, 166, 171, 179, 196f., 210
Bezos, Jeff 50
Big-Five-Modell 58
Bild 14, 41, 58, 71, 76, 78, 82, 86, 94f., 101, 107, 129, 158, 166, 185, 189, 200, 214
Bing 136
Blackout 202 f.
Blogger 18, 36, 150, 171, 175
Bolte Taylor, Jill 50f., 54
Borbonus, René 68
Bonusmaterial 117
Boroditsky, Lera 141
Branson, Richard 28
Bremner, Ewan 94
Briefing 28, 99f., 120f., 177, 194ff., 198f., 209f.
Briefing Call 194 – 198, 209f.
Bühnen-Performance 84
Buchkonzept 162ff.
Buchprojekt 162f., 175, 177
Buchverlag 53, 162
Buchveröffentlichung 27, 103, 115, 146, 148, 157f., 186
Bumper-Anzeigen 139f., 141
Bunyan, Damian 111
Business-Plan-Wettbewerb 13
Business Punks 148
Buzzwords 46

C

Carnegie, Dale 211
Cäsar 21
Canva 188f.
Cicero 21, 84
Claim 108, 132
Clinton, Bill 28
Conversion 102, 153
Crossmarketing 167
Crowdfunding 14f., 26, 52, 175
Customer Journey 150

D

Dankesbrief 29
Das 4-Stunden-Startup 109, 158, 166, 197
Das Ende der dummen Arbeit 53, 109, 210
DAX & Co 30
Die 4-Stunden-Woche 158, 166
Die Höhle der Löwen 52, 166
Digitalisierung 24, 26, 44, 46, 49, 53, 55f., 62ff., 66, 74, 78, 91, 93, 109, 111ff., 196
Diskussionspanel 29
Dramaturgie 70f., 81, 91, 195

E

Eilers, Frank 44, 49, 62, 66, 149
Einstein 48
Emerson, Ralph Waldo 22
Epic Fail 54

Erfolgsbilanz 43
Event 22, 25, 28, 30f., 63f., 87, 90, 105, 113, 116, 129, 134, 136, 144, 146, 148, 152, 180f., 186f., 190, 199, 210
Expertenwissen 23, 42, 44f., 47, 49f., 54, 56, 59 – 66, 109, 111, 115, 146, 149 – 160, 163 168, 171, 185

F
Facebook 142, 147
Farbpsychologie 119
Ferriss, Tim 158, 166
Financial Times 57
Fischer, Joschka 27
Fiverr 121
Frädrich, Stefan 67, 110
Flickr 96
Footer 105, 107
Funnel 101-104, 133f., 138ff., 147, 180, 185, 191, 214

G
García, Isabel 205
GEDANKENtanken 30, 110, 116, 129, 140, 209
Generation Y 14, 53, 110
Generation Z 53, 187
Getty Images 96
Geschäftsidee 13
Ghostwriter 176f., 192
Google 27, 71, 92, 98, 103, 131, 132, 136-140, 143, 220
Google Ads 103, 136-140
Google Analytics 131f., 140
Grundl, Boris 54

H
Handelsblatt 109, 112, 197, 216
Hannawald, Sven 155,
Heitmann, Jan 44, 49, 51, 63, 66
Hsieh, Tony 50
Honorar 22f., 25-29, 33, 61, 129, 148, 152f., 156, 159, 170f., 173, 184, 189ff., 211
Horx, Matthias 27
HTML 122, 124

I
I Am Not Your Guru 208
Impulsvortrag 21
Influencer 52f., 63, 142, 171, 175f., 197
Instagram 35, 116, 142, 146, 169, 186
Inszenierung 56-60, 72, 84, 86f., 95
Intrapreneurship 144

J
Jimdo 122f., 125
Jobs, Steve 10, 21, 88f., 219

K
Kahn, Oliver 49
Karriere 11f., 14, 34, 38, 52, 94, 112, 116f., 122, 135, 153f., 157f., 189, 202, 209, 213
Kahawatte, Saliya 54
Kebekus, Carolin 70
Keynote 9ff., 13f., 16-21, 23f., 29, 31-45, 47f., 50f., 53f., 57-62, 64f., 67ff., 75f., 79ff., 84-88, 90, 92, 96ff., 100-104, 106f., 109, 112, 114, 116, 118f., 125, 127, 129, 131, 133-136, 139ff., 143, 145, 147-150, 152, 157-161, 171, 176, 179, 180, 182ff., 186, 191f., 194ff., 200, 202, 205, 213f.
Keynote Speaker 9ff., 13f., 16-20, 23f., 29, 31-34, 37-42, 44f., 47f., 51, 53f., 57-62, 65, 67ff., 75, 79, 81, 84ff., 88, 92, 100-104, 107, 109, 112, 114, 116, 118f., 125, 127, 129, 131, 133-136, 139f., 143, 145, 147-150, 152, 157-161, 171, 176, 179f., 186, 191f., 196, 200, 205, 214
Kick-off 23, 30, 105, 109, 177, 182
Konder, Michael 110
Konzeptpapier 162
Künstliche Intelligenz 62
Kundenakquise 42

L
Lafontaine, Oskar 88
Lanz, Markus 149
LinkedIn 142f., 145ff., 186
Literaturagentur 162, 168, 171
Little Life Changing Booklet 12, 175
Luther King, Martin 21

M

MailChimp 151
Manager Magazin 109, 178, 197
Marketing 42, 57, 95, 101f., 104, 116, 134f., 192, 194, 214
Marktchancen 46
Medienpräsenz 27, 103, 115, 148, 158 – 160, 191
Merchandising 117, 210
Messner, Reinhold 49
Mnemotechniken 82
Mondpreisstrategie 191
Mount Everest 49

N

Netflix 59, 208
New Work 49, 53, 62, 149
Newsletter2Go 151
Niebuhr, Oliver 88f.

O

Obama, Barak 21, 23, 25, 28
One-Page-Layouts 106
Online Marketing Rockstars Festival 30

P

Palmen in Castrop-Rauxel 14, 121, 158, 175
Pauschale 199
Pay-per-Click-Prinzip 137
Peters, Tom 27
Podcaster 18, 149, 171, 175
Podcasts 33, 35, 44, 105, 132, 146, 148f., 178
Portfolio 42, 144, 154, 165
Power-Nap 206
PowerPoint 92, 96ff., 181
Plötz & Betzholz 197, 218
Profilmappe 187
Profi-Speaker 11, 16-19, 21f., 26, 28f., 31f., 48, 84, 92, 116, 144, 157, 190
Prokrastination 67
Provision 29, 118, 152, 156, 162

Q

Question & Answer (Q&A) 183, 195f., 209, 211f.

R

Rede 196, 198, 200f., 204, 208, 211f.
Redemanuskript 66, 70f., 80
Redneragentur 29, 31, 102, 152-157, 180, 216-217
re:publica 30, 116
Resilienz 54
Rhetorik 21, 46, 51, 68, 136
Risikomanagement 49
Robbins, Tony 28, 208
Rohn, Jim 213
RTL 14, 158

S

Sachbuch 66, 160f., 163, 165, 167f., 171ff., 177
Sales Manager 11, 57
Samwer-Brüder 50
Sales Pitch 11
Scharping, Rudolf 88
Schefer, Irina 47
Schmiel, Rolf 205
Schultz, Marcel 111
SEDO 126
Seinfeld, Jerry 201f.
Selbstständigkeit 13
Selfpublishing 12, 174f.
Sendlmeier, Walter 88
Showmaster 9
Slogan 57, 108f., 132
Slot 21, 152, 184
Smith, Ramona J. 76
Snapchat 142
Social Influencer 18
soziale Netzwerke 142ff.
Spiegel Online 14, 158
Sprenger, Reinhard K. 25, 57, 108
Startup-Spirit 33, 53, 55, 58, 63, 68, 109, 144, 196, 210
StehaufMensch 54
Stern 14, 149, 158
Stiglitz, Gary 27
Stockfotos 95
Storytelling 48, 77, 79, 90, 160
Strato 124
Stylesheets 122
Suchmaschinenoptimierung 122ff., 134ff., 139

T
TED-Talks 13, 21, 50, 140, 142, 220
Testimonials 103, 110f., 114, 154, 157, 185
Top-Level-Domains 126
Trailer 108, 128, 133
Trainer 9, 10, 18f., 51, 77, 90, 138, 145
Training 13, 38, 80f., 207, 211
Trainspotting 94
Twain, Mark 22, 206
Twitter 29, 103, 116, 142, 144, 146f., 169

U
united-domains 125
Unterhaltungsact 43
Upwork 121

V
Vaynerchuk, Gary 28
Verkaufserfolg 179
Vimeo 122, 128
von Hirschhausen, Eckart 25, 27
Vortragsredner 11, 18, 48, 71, 136, 144, 185
Vortragstitel 65f., 68ff.

W
Wales, Jimmy 15
Webnode 123
Web Summit 30
Weebly 123
Wenzel, Dr. Philip 110
Wittrock, Max 50
Wix 122f.
WordPress 122, 124f.
World Championship of Public Speaking 76
Wow-Effekt 20, 47

X
XING 142-145, 147, 186

Y
YouTube 13, 52, 103, 122, 128f., 134, 139-142

Z
Zuverlässigkeit 153
Zuse, Konrad 91